Anleitung

zum

rationellen Botaniſiren

von

B. Auerswald.

Leipzig,

Verlag von Veit & Comp.

1860.

Vorrede.

Das vorliegende Büchlein wurde keineswegs, wie man leicht aus dem Titel schließen könnte, einzig für diejenigen geschrieben, welche sich erst mit den Pflanzen ihrer Heimat zu beschäftigen gedenken, sondern ganz besonders auch für solche, die ihre Umgegend bereits tüchtig durchstreift und durchforscht haben, denn auch sie werden vielfache Winke darüber erhalten, wie sie hätten botanisiren sollen, oder wie sie wenigstens von nun an zu botanisiren haben.

Alles Ueberflüssige ließ ich hinweg, um den Umfang des Buches nicht wesentlich zu vermehren. Namentlich aber unterließ ich es, nach dem Vorbilde anderer „Leitfaden zum Botanisiren" die einzelnen Pflanzen nach den verschiedenen Fundorten und Blüthezeiten dem Namen nach aufzuzählen, und zwar vorzugsweise deshalb, weil ich meine, eine solche Aufzählung von bloßen Namen ohne die dazu gehörigen Beschreibungen könne sehr leicht zu falschen Bestimmungen Anlaß geben, wenn sich einzelne Leser veranlaßt sehen sollten, nach dem Standorte und der Blüthezeit den Namen der einzelnen Pflanzen errathen zu wollen. Den Pflanzennamen aber die entsprechenden Diagnosen hinzuzufügen, ist nicht die Aufgabe einer Anleitung zum rationellen Botanisiren, sondern die einer Flora, deren Ankauf einem angehenden Botaniker nicht erspart werden kann.

Und somit übergebe ich denn dieses kleine Schriftchen den Händen des botanisirenden Publicums mit der Bitte um nachsichtige Beurtheilung und dem Wunsche, es möge sich einer auf gleiche Weise günstigen Aufnahme zu erfreuen haben, wie meine bereits 1858 erschienenen „botanischen Unterhaltungen zum Verständniß der heimatlichen Flora", zu denen dasselbe recht wohl als Anhang oder Ergänzungsschrift betrachtet werden kann.

Leipzig, im April 1860.

B. Auerswald.

Inhaltsverzeichniß.

Erstes Kapitel.

Wie man nicht botanisiren soll.

Die verkehrteste und geistloseste Weise zu botanisiren ist unstreitig die, welche einzig darauf ausgeht, in möglichst kurzer Zeit alle Pflanzen seiner Umgegend in einem Herbarium vereinigt zu sehen. Um dies zu ermöglichen, pflegt man sich irgend Jemandem auf seinen Spaziergängen anzuschließen, von dem man weiß, daß er die Pflanzen mit Namen zu nennen versteht. An seiner Seite bricht man die einzelnen Pflanzen ab oder gräbt sie aus, erfährt von dem botanischen Lehrmeister den dazu gehörigen Namen und schreibt diesen, um ihn nicht zu vergessen, auf einen Papierstreifen, welcher dann auf irgend eine Weise an der betreffenden Pflanze befestigt wird. Mit dergleichen bisher unbekannten Schätzen reich beladen kehrt man heim, um dieselben kunstgerecht zu trocknen, auf weißem Schreibpapier mittels gummirter Papierstreifchen aufzukleben, ihre Namen nebst den betreffenden Linné'schen Classen- und Ordnungsnamen recht hübsch sauber darunter zu schreiben, diese einzelnen Blätter oder Bogen aber in möglichst künstlichen und theuern Mappen aufzubewahren, damit sie vor Staub und Insektenfraß gesichert seien.

Dergleichen Streifzüge werden nun so lange fortgesetzt, als man noch immer das Glück hat, von ihnen neue Beute nach Hause zu bringen. Damit man sich aber nicht etwa die vergebliche Mühe mache, eine Pflanze noch einmal einzutragen, die schon in dem sogenannten Herbarium aufgespeichert ist, so pflegt man sich die Namen der bereits getrockneten Pflanzen in dem alphabetischen Register irgend einer Flora zu unterstreichen. Dieses Verfahren schützt nicht allein vor der Gefahr, eine Pflanze doppelt zu trocknen, sondern es liefert gleichzeitig auch die trefflichste Uebersicht aller der Pflanzen, welche man noch nicht besitzt, auf die demnach nun Jagd zu machen ist, sei es nun, um sie in der Natur aufzufinden, oder sie aus dem glücklicheren Herbarium eines andern Botanikers zu requiriren.

Doch es fragt sich, warum diese Art und Weise zu sammeln, die verkehrteste genannt zu werden verdient, da sie doch zweifelsohne am schnellsten zum Ziele, d. h. in den Besitz der heimatlichen Flora führt.

Ja, wenn das Ziel eines Pflanzensammlers kein anderes ist, als sich sagen zu können, in deinem Kataloge sind alle Pflanzen deiner Heimat mit nur wenigen Ausnahmen vertreten, dann genügt diese Art und Weise zu sammeln; aber hat er die Pflanzen seiner Heimat dann auch kennen gelernt? Ist er im Stande, auf seinen Spaziergängen sich über alle ihm entgegentretenden Pflanzen Rechenschaft abzulegen, d. h. Rede und Antwort stehen zu können, daß die eine Pflanze gerade diese und nicht die mit ihr so oft verwechselte ist? Ist er wenigstens dessen gewiß, daß die Pflanzen seines Herbars auch sämmtlich den richtigen Namen tragen? Ich glaube alle diese und noch viele andere ähnliche Fragen mit einem entschiedenen Nein beantworten zu müssen. Dergleichen Pflanzensammlungen oder Pseudoherbarien gleichen, wie ein Ei dem andern, der Siegelsammlung eines Knaben, der, weit entfernt, Heraldik zu studiren, bloß darauf ausgeht, recht vielerlei Siegel zu besitzen, um sich über ihre Zahl zu freuen und sich ihrer zu rühmen. Gleichwohl aber sieht man jährlich zahlreiche Anfänge von dergleichen Pflanzensammlungen entstehen, die sich von einer Hand voll Heu nur dadurch unterscheiden, daß die Pflanzen nicht an der Sonne gedörrt, sondern zwischen Löschpapier getrocknet wurden, und daß jedem der verschiedenen Pflänzchen ein beschriebener Streifen Papier beiliegt, der dem Beschauer einen oft sehr fraglichen Namen nennt. Dergleichen Pflanzenfascikel hört man auch wohl Herbarien nennen und denkt dabei recht lebhaft an das Kind, welches auf den Tisch steigt und verwundert oder auf Verwunderung rechnend ausruft: Mutter, sieh, wie groß ich bin!

Doch dergleichen Herbarien haben sich in der Regel keiner langen Gunst ihrer Inhaber zu erfreuen; der Reiz der Neuheit ist bald vorüber, und oft ist schon die Sonne des zweiten Lenzes nicht mehr im Stande, sie aus der langen Winterruhe zu erwecken. Von dichtem Staube bedeckt bleiben sie dann in einem verborgenen Winkel des Hauses ungepflegt liegen, bis sich eine fremde, ungeweihte menschliche Hand ihrer erbarmt und ihnen den Ort anweist, der ihnen gebührt.

Wie aber, wenn ihr Leben länger währt? Wenn vielleicht auch ein zweiter, oder gar noch ein dritter und vierter Sommer ihre Bogenzahl vermehrt? — Dann mehrt sich auch die Zahl der unterstrichenen Namen in dem alphabetischen Register der betreffenden Flora; der Eigenthümer aber, der sich Botaniker nennt, wird nimmermehr zum Botaniker, obgleich er wohl auch nun mit andern „Botanikern" seiner Weise in Geschäftsverbindung tritt und mit ihnen einige Pflanzenleichname austauscht, um seine heimischen Schätze auch mit den Reichthümern anderer Gegenden zu vermehren. Jetzt aber fangen dergleichen eifrige Botaniker an, ihrer Gegend gradezu gefährlich zu werden, denn mit der größten Schonungslosigkeit werden alle sogenannten seltenen Pflanzen aufgesucht, ausgegraben und getrocknet, ohne je zu fragen, ob dadurch vielleicht die letzten Exemplare einer Zierde der ganzen weiten Umgegend vernichtet werden oder nicht. Vergeblich sucht dann oftmals ein Naturfreund an seinem Lieblingsplätzchen nach einem Lieblingspflänzchen, was er geflissentlich geschont hatte, um sich seiner immer wieder freuen zu können, — da erfährt er, daß der eifrige Botaniker, Herr N. N., dasselbe auch alljährlich daselbst gesammelt, aber nun schon seit einigen Jahren nicht wieder aufgefunden habe. Mit Grausen gedenkt der Naturfreund eines ähnlichen Schmerzes, den ihm ein anderer „Naturforscher" dadurch bereitet hatte, daß er ihm die Eier stahl, die eine Nachtigall in seinem Garten in das daselbst erbaute Nest gelegt hatte, und zwar aus dem allerdings gewichtigen Grunde, weil er seit Jahr und Tag angefangen hatte Eier zu sammeln, und natürlich auch gern die Eier der Nachtigall zu besitzen wünschte.

Welcher Gewinn aber lohnt unsern eifrigen „Botaniker"? Fragen wir ihn selbst, und er wird uns keinen andern nennen können als den, einige Tauschobjecte gewonnen zu haben, mittels deren er seine Sammlung zu bereichern gedenkt, — weiter nichts! Seine Kenntnisse wurden nicht bereichert, und die Wissenschaft noch weniger! Gar bald kommt aber die Zeit, wo er sagt, seine Gegend biete ihm nichts Interessantes mehr und deshalb gehe er nicht mehr so fleißig botanisiren, wie sonst, und nicht lange mehr währt es, dann sind es leider Hindernisse der mannigfachsten Art, die ihm nicht mehr gestatten, seiner Lieblingsneigung, der Botanik, obzuliegen. Auch sein Herbar bleibt nun ungepflegt und unbenutzt, bis es endlich nach dem Tode des Besitzers, da auch ihm der innere Werth gebricht, einem ähnlichen Schicksale entgegengeht, welches seine

Brüder ereilte, die schon nach dem ersten Jahre ihres Bestehens den Weg der Vergänglichkeit gingen.

In der That, die ebengenannte Art und Weise des Pflanzensammelns ist die verkehrteste und geistloseste, weil sie in dem Sammelnden nicht die dauernde Liebe zur Natur erweckt, wohl aber geeignet ist, eine vielleicht vorhandene Liebe zu ihr zu untergraben und abzuschwächen, wie auch ein geistloser Unterricht in der Botanik, wie man ihn oft in höhern und niedern Volksschulen noch heut zu Tage ertheilen hört, recht wohl geeignet ist, die Botanik nicht als eine höchst interessante und belehrende Wissenschaft zu erkennen, sondern als einen brotlosen Mechanismus oder eine unnütze Spielerei, die für Geist und Herz keinen Gewinn bringt. Ja, ein derartiger Unterricht fördert das im Publikum jetzt so vielfach wachgerufene Interesse an den Naturwissenschaften und an der Natur in keiner Weise, sondern er schreckt vor der Beschäftigung mit der Natur zurück. Nichts Besseres aber bewirkt auch ein sogenanntes Botanisirengehen nach der so eben geschilderten geistlosen Methode, denn man lernt auf solche Weise nicht die Natur kennen, sondern nur das, was der Mensch erst in die Natur hineingelegt hat, d. i. ein systematisches Gerippe ohne Leben und einige unnütze Namen.

Zweites Kapitel.

Wie man botanisiren soll.

Nachdem wir gesehen haben, wie man nicht sammeln soll, ist es leicht zu sagen, wie man sammeln soll. Die Antwort ist einfach die: man sammelt so, daß man daraus nicht bloß dauernden Genuß, sondern auch dauernden Gewinn erntet und außerdem auch für die Wissenschaft wirklichen Nutzen erzielt.

Ja, sagen vielleicht meine Leser, ich will ja nicht Botaniker von Fach werden, um die Botanik als Wissenschaft zu bereichern und ausbilden zu helfen, ich will lediglich aus ihr mein Vergnügen und meinen Gewinn ziehen. Hierauf entgegne ich, daß dieses Büchlein das Erstere keineswegs direct anzustreben bemüht sein will, wohl aber das Letztere, daß aber, wenn ihm dieses gelingt, es kaum denkbar ist, daß nicht auch die Wissenschaft ihren Theil am Gewinne haben sollte.

Doch wie gelangt man zu diesem dauernden Interesse an der Pflanzenwelt? Einfach dadurch, daß man nicht sammelt, um zu haben, und zwar um recht viel zu haben, sondern um zu unterscheiden und um zu beobachten, und zwar allseitig zu beobachten.

Die Anleitung zum Beobachten wird in späteren Kapiteln gegeben werden. Hier sei zunächst von dem ersten Erforderniß die Rede, von dem Unterscheiden, oder, was dasselbe ist, von dem Erkennen.

Wenn uns Jemand während eines Spazierganges ein Exemplar der sogenannten Feldcamille (Matricaria Chamomilla) pflückt und uns ihren deutschen und lateinischen Namen nennt, so sind wir deshalb noch nicht im Stande, dieselbe jederzeit wieder zu erkennen, wo wir ihr begegnen, denn wir wissen eben noch nicht, woran wir sie zu erkennen haben, wir werden vielmehr gar manche ihr äußerlich nicht ganz unähnliche Art (Anthemis arvensis, Matricaria inodora u. a. m.) mit ihr verwechseln u. s. f. Das erste Erforderniß ist daher, daß wir die einzelnen Pflanzen, welche wir von der ersten Excursion heimtrugen, an der Hand einer guten Flora untersuchen, um auf alle ihre charakteristischen Merkmale achten zu lernen, an denen wir sie jederzeit wieder zu erkennen im Stande sind. Wohl mag es anfangs gestattet sein, sich vorher die Namen derselben nennen zu lassen, damit nur das leichtere Geschäft bleibe, sich von der Richtigkeit des Namens zu überzeugen, oder wenigstens für den Fall gestattet sein, daß der Anfänger noch zu wenig vertraut ist mit den unumgänglich nöthigen botanischen Kunstausdrücken; später aber, oder wenn diese Kunstausdrücke bereits verstanden werden, ist es nicht bloß besser, sondern sogar unerläßliche Forderung, Gattung und Art selbst zu bestimmen. Der Vortheil des Selbstbestimmens liegt darin, daß man dabei in die Nothwendigkeit versetzt wird, die einzelne Pflanze nicht bloß als solche zu studiren, sondern sie aus ihren näheren und ferneren Verwandten auszusuchen und von ihnen zu unterscheiden. Dadurch aber wird man auch schon mit diesen ihren Verwandten einigermaßen bekannt, auch ohne sie selbst bereits gesehen zu haben. Durch die Beschreibung oder Diagnose einer Pflanze lernt man wohl das Auge auf eine Menge Merkmale derselben lenken, aber man lernt nicht den Werth, nicht die Beziehungen dieser Merkmale zu den Merkmalen der verwandten Pflanzen, sie prägen sich daher auch nie fest ein und werden leicht wieder vergessen. Die natürliche Folge des Nichtselbstbestimmens der einzelnen Pflanzen ist daher in der Regel die ewige Ungewißheit in der Wiedererkennung und Unterscheidung ähnlich aussehender Pflanzen, während die mit dem Selbstbestimmen verbundene Sorgfalt die aufgefundenen Unterscheidungsmerkmale dem Gedächtnisse unvergeßlich einprägt.

Es ist daher jedem Anfänger ganz dringend anzurathen, nicht vor der Selbstbestimmung der Pflanzen zurückzuschrecken, denn sie ist der einzige Weg, welcher ihn zu einer Sicherheit führt, zu der er auf einem andern, nur scheinbar leichteren Wege nie gelangen kann, und dieses Pflanzenbestimmen (mit Hülfe eines Schlüssels nach dem Linné'schen Systeme) ist keineswegs so schwierig, wie es dem Anfänger vielleicht das erste Mal erscheinen mag; nur zweierlei hat er dabei zu berücksichtigen: erstens mag er nicht versuchen, solche Pflanzen zu bestimmen, denen wesentliche Theile fehlen, auf welche bei der Bestimmung eben Rücksicht genommen wurde, und zweitens mag er sich nicht vor dem Kleinen fürchten, was er mit bloßem Auge nicht zu unterscheiden vermag, oder was ihm genau zu untersuchen zu schwierig erscheint.

In den ersten Fall sieht sich der Anfänger sehr oft versetzt, wenn er versuchen will, Pflanzen zu untersuchen und zu bestimmen, die er unterwegs gepflückt hat, ungefähr so, wie man sie zu einem Kranze oder Strauße zu pflücken pflegt. Nun, wenn er jetzt bemerkt, daß ihm zur Bestimmnng auch die Wurzelblätter, oder die Früchte, oder gar die Wurzeln nöthig sind, hat er deshalb wohl Ursache, von der Bestimmung, als von einem zu schwierigen Unternehmen abzustehen? Gewiß nicht, sondern jeder kluge Mensch hat daraus schon etwas gelernt, nämlich daß er die Pflanzen eben anders zu sammeln hat; er wird seine unbrauchbaren Bruchstücke wegwerfen und hingehen, um sie so zu sammeln, wie er bereits erfahren hat, daß sie gesammelt werden müssen. Sollte aber, was sehr oft der Fall ist, alles zum Bestimmen Erforderliche nicht gleichzeitig zu haben sein, z. B. bei allen vor den Blättern blühenden Pflanzen (Weiden, Pappeln rc.), nun so giebt es kein Mittel, als das bereits heute zu sammeln, was heute zu haben ist, nach einem Vierteljahre aber das nachzutragen, was erst dann zu haben ist, und dann wird auch die Bestimmung keine Schwierigkeit mehr bieten.

Eine zweite Klippe, an welcher der Anfänger oft scheitert, sind die kleinen Gebilde, vor deren Untersuchung er, als vor einer Unmöglichkeit, zurückschreckt, und doch sind sie nicht viel schwieriger zu untersuchen, als größere Gebilde, wenn man nur mit den nöthigen Instrumenten ausgerüstet ist. Zunächst bedarf man dazu einer guten und scharfen Lupe, einer feinen Pincette und einer oder einiger scharfen Stahlnadeln, mit deren Hülfe oft kleine Theile, welche für die Pincette noch zu klein sind, auseinander gelegt werden können. Mit diesen ersten Hülfsmitteln ausgerüstet kann der Anfänger, sobald er sich nur einige Gewandtheit im Analysiren und Bestimmen der Pflanzen angeeignet hat, getrost auch an die Untersuchung der kleinen, dem bloßen Auge oft nicht mehr unterscheidbaren Gebilde gehen, ohne daß er darin irgend eine große Schwierigkeit finden wird.

Einen argen Mißgriff aber wird der machen, welcher, auch ohne die wesentlichen Merkmale (Wurzeln, Früchte ꝛc.) zur Hand zu haben, oder ohne die kleinen Blüthenkronen, den kleinen Fruchtknoten, Fruchtboden u. s. w. bloß gelegt zu haben, dennoch zu bestimmen versucht, insofern er sich nur an die gerade vorhandenen oder, wie er glaubt, leichter zu untersuchenden größeren Organe hält. In beiden Fällen wird er nie zu jener nothwendigen Sicherheit in der Bestimmung gelangen und unendlich oft arge Mißgriffe machen. Am meisten sind dergleichen müheschene Anfänger geneigt, ihre Bestimmung, insofern diese Bezeichnung überhaupt gerechtfertigt ist, für richtig und sicher zu halten, wenn die Blattform, die Gestalt des Stengels, die nebenbei bemerkte ungefähre Höhe und die Blüthenfarbe übereinstimmen. Ihnen sei schon hier gesagt, daß gerade diese Merkmale diejenigen sind, welche einerseits dem größten Wechsel unterworfen sind, andererseits aber auch gar vielen Pflanzen gemeinsam zukommen.

Drittes Kapitel.

Ueber den Werth eines Herbars und dessen Einrichtung.

Viel hat man schon gegen die Herbarien geeifert und sie für überflüssig gehalten. Ja, wenn man mit ihnen jene Pseudoherbarien verwechselt, welche im ersten Kapitel erwähnt wurden, dann hat man Recht; anders verhält es sich aber mit einem zweckmäßig angelegten Herbar. Schon im vorigen Kapitel wurde erwähnt, daß gar nicht selten nicht alle wesentlichen Theile einer Pflanze gleichzeitig gesammelt werden können. Schon in allen diesen Fällen ist man des richtigen Bestimmens wegen in die Nothwendigkeit versetzt, die Theile, welche man nur im Frühjahre sammeln kann, so lange aufzuheben, bis man im Sommer oder Herbste auch die andern noch nothwendigen Theile haben kann. Dieses Aufbewahren kann allerdings in Spiritus geschehen, welcher die pflanzlichen Gebilde, wenn auch in der Regel mit Verlust ihrer Farbe, gut bewahrt, namentlich wenn es sich darum handelt, sie einer späteren Bestimmung unterwerfen zu wollen. Immerhin haben aber Spirituspräparate etwas Mißliches, denn einerseits nehmen viele Fläschchen viel Platz in Anspruch, andererseits sind sie verhältnißmäßig ziemlich kostspielig, und endlich kann man, ohne zu ziemlich großen Flaschen zu greifen, doch nur sehr kleine Pflanzentheile aufbewahren. Alle diese Nachtheile beseitigt ein Herbar, welches außerdem in weit strengerer Ordnung gehalten werden kann, als zahlreiche Glasfläschchen.

Nach dem bisher Gesagten wäre aber ein Herbarium nur für diejenigen Pflanzen nöthig, von denen nicht alle wesentlichen Theile gleichzeitig zu haben sind, und zwar nur so lange, bis man die später zu habenden Früchte ꝛc. herbeigeschafft hat, so daß die Bestimmung der Pflanze erfolgen kann. Allein kann man denn irgend einem Gedächtnisse zumuthen, daß es jemals alle die Pflanzennamen behalten soll, die es zu den verschiedensten Zeiten kennen gelernt hat wenn nicht das Auge Gelegenheit hat, sich im Herbarium die mit Namen versehenen Pflanzen zu wiederholten Malen vorführen zu lassen? Außerdem bedarf man aber auch gar oft des Herbariums bei dem Bestimmen selbst, namentlich wenn es sich um Pflanzen ferner Gegenden handelt, wo es dem Reisenden durchaus nicht allemal möglich war, die verschiedenen Entwickelungsstufen einer Pflanze einzusammeln, oder wenn genaue Beschreibungen schwierig zu unterscheidender Pflanzen auf die zunächststehenden Arten Rücksicht nehmen und z. B. sagen: „unterscheidet sich von irgend einer zweiten Pflanze durch spitzere Blumenblätter, kürzere Griffel und größere Samen, von einer dritten aber durch noch einmal so breite Blätter, stumpfere Kelchblätter, halb so kurze Schoten u. s. w.“ Wie kann man wohl je von solchen und ähnlichen, oft sehr willkommenen Notizen Gebrauch machen, wenn das Herbarium nicht im Stande ist, jene Vergleichungsobjecte ohne besondere Mühe vor unsern Augen auszubreiten? Derjenige, welcher viel Pflanzen zu bestimmen gehabt hat, weiß es am besten zu beurtheilen, von welchem hohen Werthe ein gutes Herbarium für das Pflanzenbestimmen ist.

Das Herbarium ist aber auch der Schrank, in welchem alle die einzelnen Quittungen aufbewahrt werden über die Genauigkeit und Richtigkeit unserer Beobachtungen, Untersuchungen und Entdeckungen, und etwa eingeschlichene Ungenauigkeiten lassen sich noch nach Jahren mit Leichtigkeit unter seiner Leitung verbessern. Wie oft glauben wir eine Pflanze allseitig unserm Gedächtnisse eingeprägt zu haben, und doch bemerken wir gar bald, daß wir einen, vielleicht gar nicht unwichtigen Gegenstand nicht in das Bereich unserer Betrachtungen gezogen haben, vielleicht nicht geachtet hatten auf die Gestalt, Richtung und Zahl der Sägezähne am Rande der Blätter, sondern nur darauf achteten, daß das Blatt überhaupt gesägt sei, oder daß wir die Zahl der Nerven in den Stengel- oder Blumenblättern, die Blattstellung, die Behaarung der Stengel oder irgend ein ähnliches Verhältniß unberücksichtigt gelassen hatten. Vergebens suchen wir uns dann das Bild der Pflanze auf's Neue vor unsere Seele zu stellen, allein, selbst im günstigsten Falle, immer erscheint es uns nur in soweit, als wir es früher bereits geistig erfaßt hatten; was wir damals unberücksichtigt ließen, will sich nimmer wieder hinzugesellen. Freundlich dagegen willfahrtet das Herbarium unsern Wünschen, welches uns das Original selbst wieder vor die Augen führt, an dem wir früher versäumte Beobachtungen nachzuholen im Stande sind.

Noch könnte man aufmerksam machen auf den Genuß, welchen ein Herbarium dem bereitet, der es nach und nach angesammelt hat; ihm ist es gleichsam ein großes Tagebuch über seine Spaziergänge und Reisen. Die Exemplare der niedlichen Anemone alpina, welche er vom Rigi, von der Schneekoppe, vom Brocken u. s. w. mit nach Hause nahm, sie liegen alle in demselben Bogen, doch auf besonderen Blättern, und eine jede zeigt auf der beiliegenden Etiquette ihren ehemaligen Standort und ruft dem sie wieder beschauenden Sammler tausend herrliche Erinnerungen wach, welche sich an die genannten Orte knüpfen.

Doch genug hiervon, denn den Lesern dieser Zeilen die Nothwendigkeit eines Herbars zu beweisen, dürfte wohl weniger nothwendig sein, da die Gegner desselben nur auf der Seite der Botaniker zu suchen sind, welche alle wissenschaftliche Botanik einzig und allein in dem Studium der Physiologie und Morphologie suchen, die systematischen Botaniker aber mit dem derben Namen der „Heumacher“ belegen. Nun, wir wollen nicht mit ihnen rechten, gedenken aber im weiteren Verlaufe unserer Anleitung doch hinlänglich zeigen zu können, daß auch die systematische Botanik Ansprüche auf Wissenschaftlichkeit hat und nichts Anderes ist als eine Schwester der physiologisch-morphologischen Botanik, welche beide einander gegenseitig ergänzen und ohne einander unmöglich als ein Ganzes gedacht werden können.

Wie muß aber ein Herbarium beschaffen sein, um ein gutes genannt werden zu können? Diese Frage läßt sich vor der Hand erst zum kleinsten Theile beantworten, denn es ist erst von dem Anfange alles Botanisirens die Rede gewesen, d. i. von dem Pflanzenbestimmen, aber noch nicht von dem fortgesetzten Beobachten. Wer aber bereits Pflanzen sicher bestimmt hat, der hat auch schon erfahren, was dazu alles nöthig war, und alles dieses muß zunächst auch in einem guten Herbarium vorhanden sein, muß also in dasselbe aufgenommen werden.

Faßt man nun den Hauptzweck eines Herbars, schnell einen Vergleich anderer Pflanzen mit den sicher bestimmten Pflanzen eines Herbars zu ermöglichen, in's Auge, so ergiebt sich auch von selbst die Hauptaufgabe, welche bei Anlegung eines Herbars zu lösen ist, nämlich die Pflanzen, ihre Vollständigkeit vorausgesetzt, so zu bewahren, daß sie diesem Zwecke möglichst entsprechen, das Herbarium selbst aber so zu ordnen, daß man auf die schnellste Weise jede beliebige Pflanze darin aufschlagen kann.

Was den ersten Punkt betrifft, so werden leicht zwei ganz entgegengesetzte Fehler begangen: die Einen pressen die Pflanzen mittels starker Pressen so stark zusammen, daß die einzelnen Theile ihre natürliche Gestalt gänzlich verlieren, daß z. B. die Stengel so breit gequetscht werden, daß man nicht mehr ersehen kann, ob sie einst rund oder vierkantig waren, daß man an einem Fruchtknoten nicht mehr sehen kann, ob er ein- oder mehrfächrig war, weil die Fächer vollständig zerquetscht wurden u. s. w.; Andere dagegen, welche die Nachtheile einer solchen Art zu trocknen erkannt haben, verfallen leicht in den entgegengesetzten Fehler und verwenden zu wenig Fleiß und Sorgfalt auf das Trocknen, d. h. sie lassen in Folge eines zu geringen Druckes die Pflanzen beim Trocknen schrumpfen. Durch letzteres Verfahren wird zwar der eben gerügte Uebelstand beseitigt, aber ein anderer herbeigeführt: die im Leben glatten und vielleicht gar glänzenden Blattgebilde erscheinen runzlig und die Blattränder gekerbt oder wellenförmig gebogen, oder am Rande nach der untern Fläche hin eingerollt, die an der lebenden Pflanze völlig ganzrandig und eben waren u. s. w. Das Beste liegt auch hier in der Mitte, und man thut am Besten, wenn man beim Trocknen so preßt, daß die einzelnen Theile nicht zerquetscht werden, aber auch nicht schrumpfen können, und daß man einzelne, nothwendigerweise übereinanderliegende Theile auch nach dem Trocknen leicht wieder von einander abheben kann. Einige Uebung lehrt bald diese rechte Mitte finden. Ausführlichere Anleitung über das Pflanzentrocknen soll im nächsten Kapitel gegeben werden.

Doch das Herbarium verlangt, wie schon gesagt, auch noch eine strenge und übersichtliche Ordnung, theils um das schnelle Auffinden der einzelnen Pflanzen zu ermöglichen, theils aber auch um die verwandten Pflanzen des leichteren Vergleichens halber neben einander liegen zu haben.

Oft sieht man nun, daß Anfänger ihre Herbarien nach dem Linné'schen Systeme ordnen, weil ihnen dieses das leichtere und einfachste ist. Ohne hier auf die einzelnen Schattenseiten dieses Systemes einzugehen, sei doch wenigstens die eine derselben erwähnt, welche für ein Herbarium gerade die unangenehmste ist, das ist der Uebelstand, daß es eng mit einander verwandte Pflanzen deshalb weit von einander entfernt, weil die Zahl und das Verhältniß der Geschlechtstheile zufälligerweise ein verschiedenes ist.

Am klügsten thut der Anfänger, wenn er die ersten Anfänge seines Herbar's nach demjenigen Buche ordnet, nach dessen Anleitung er die gesammelten Pflanzen zu bestimmen sucht, und zwar deshalb, weil er mit seiner inneren Anordnung zuerst vertraut wird. Will man aber den Inhalt seines Herbars nicht bloß auf die einheimischen oder deutschen Pflanzen, sondern auch auf Gartenpflanzen und Pflanzen anderer Länder ausdehnen, so thut man gut, das Herbarium nach einem umfassenden Werke, am besten nach dem Enchiridion botanicum von Endlicher (Leipzig bei Engelmann, 1841.) zu ordnen.

Die ferneren Winke, welche dem Anfänger zu geben sein dürften, würden nun ungefähr folgende sein.

Zunächst ist jede besondere Art in einen besondern Bogen zu legen, ohne ihn, wie man es oft bei Anfängern sieht, mittels dünner Streifen gummirten Papieres aufzukleben. Das letztere Verfahren ist außerordentlich zeitraubend, erschwert eine spätere Untersuchung oder sorgfältige Vergleichung der in solcher

Weise befestigten Pflanzen, sowie auch das Vertauschen eines weniger vollständigen Exemplars mit einem später gesammelten vollständigen.

Des bequemen Aufsuchens halber schreibt man den Artnamen außen auf den Bogen, und zwar am vortheilhaftesten in die linke obere oder untere Ecke seiner Rückenseite. Dieser Bogen wird nun in einen zweiten Bogen gelegt, welchem außen auf dieselbe Weise der Gattungsname aufgeschrieben wird. Sobald man von dieser Gattung (genus) später noch eine zweite Art (species) erhält, so wird auch diese, abermals in einen besondern Bogen gelegt, in demselben Gattungsbogen geborgen, und so alle übrigen noch folgenden Arten derselben Gattung. Die in eine Familie gehörigen Gattungsbogen werden hierauf wieder in einen dritten Umhüllungsbogen gebracht, der auf seiner Aufschrift den Namen der Familie und die Nummern der in ihm enthaltenen Gattungen enthalten muß. Des schnellen Auffindens wegen ist es nämlich nothwendig, daß sämmtliche Gattungen fortlaufend numerirt sind; sollte dieses in dem Buche, nach welchem das anzulegende Herbarium geordnet werden soll, nicht der Fall sein, so ist dies leicht nachträglich zu bewirken, nur müssen diese Nummern nicht bloß im Texte stehen, sondern auch im alphabetischen Register des Buches verzeichnet sein. Will man nun im Herbarium z. B. die Gattung Aster aufschlagen, so hat man nur nöthig, im Register nach der Gattungsnummer zu sehen, und wird dieselbe augenblicklich auch im Herbarium aufzufinden im Stande sein, vorausgesetzt, daß nicht bloß auf dem Familienbogen, wie vorhin gesagt, die ihm zugehörigen Gattungsnummern (von ... bis ...) verzeichnet sind, sondern wenn außerdem auch jeder Gattungsbogen die ihm eigene Nummer in einer Ecke der linken Seite (der Rückenseite) sehen läßt. Die einzelnen Familien werden nun der Reihe nach in Mappen vertheilt, aus welchen ein Papier- oder Pappestreifen hervorragen muß, auf welchem außer den in ihnen enthaltenen Familiennamen (welche aber allenfalls auch weggelassen werden können) ganz besonders die darin enthaltenen Gattungsnummern (von ... bis ...) verzeichnet sein müssen. In einem auf solche Weise eingerichteten Herbarium kann man, ohne irgend einen erheblichen Zeitverlust, zu jeder Minute die gewünschte Pflanze auffinden.

Eine andere Frage ist nun die, in welcher Ordnung die einzelnen Arten ein und derselben Gattung eingereiht werden sollen. Hier ist es dem Verfasser immer am zweckmäßigsten erschienen, bei kleinern Herbarien, in denen die Arten selbst die der größten Gattungen, noch nicht zu einer so ganz ungewöhnlich großen Zahl anwachsen, die alphabetische Anordnung zu wählen, welche jedenfalls das schnelle Auffinden wesentlich erleichtert.

In Bezug auf das zu wählende Papier hat man von vorn herein Bedacht zu nehmen, daß das Format nicht zu klein sei, damit größere Pflanzen und namentlich große Blüthenstände nicht zu sehr zerstückelt oder gebrochen zu werden brauchen. Das gewöhnliche Format des Schreibpapiers ist jedenfalls zu klein!

Eine noch andere und wichtige Frage ist die, was wohl für ein Papier, ob Schreib-, Lösch- oder Druckpapier zu wählen sei. Daß überhaupt nicht die verschiedenartigste Maculatur dazu genommen werden darf, versteht sich wohl von selbst, da diese ein zu unschönes Aeußere darstellen würde. Oft sieht man die Pflanzen in weißes Schreibpapier gelegt; dasselbe ist aber entweder im Format zu klein, oder in größerem Format sehr theuer (ein Rieß reicht nicht weit!), und außerdem ist es zu steif und schließt sich den Pflanzen nicht so innig an, wie ein weicheres Papier. Stark auftragende Pflanzen (als Disteln u. s. w.) lassen, in Schreibpapier gelegt, auch im festzugebundenen Paquete doch noch so große Lücken, daß nicht bloß der Staub, sondern auch verschiedene verderbenbringende Insekten ungehindert bis zur Pflanze vordringen können, was ein arger Uebelstand ist. Das graue Löschpapier ist zwar weicher und schmiegt sich den Pflanzen besser an, als das Schreibpapier, allein einerseits gewährt dasselbe für das Auge keinen angenehmen Eindruck, andererseits ist es der Lieblingsaufenthalt für gewisse, dem Herbarium sehr nachtheilige Insekten und dürfte deshalb ebenfalls nicht zu empfehlen sein. Das zweckmäßigste Papier ist daher jedenfalls das weiße Druckpapier, welches nicht nur hinlänglich nachgiebig und dem Auge wohlgefällig ist, sondern auch in jedem Format, und außerdem ziemlich billig zu haben ist.

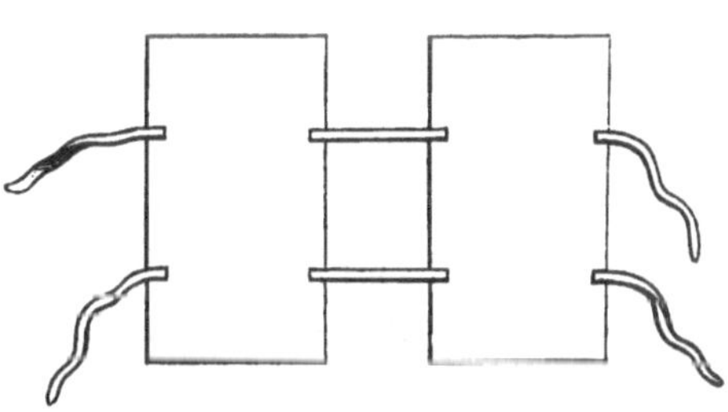
Fig. 1.

Die Mappen endlich werden am besten aus zwei starken Pappen construirt von zwei grünen zollbreiten Bändern durchzogen (Fig. 1). Die Pappen mit buntem, blauem oder weißem Papiere sorgfältig zu überkleben ist einerseits ganz überflüssig, andererseits sieht dieses Verfahren, wie jeder andere überflüssige Putz, gewissermaßen wie Spielerei aus. Die Bänder zum Ziehen einzurichten, hat vor beiderseits in die Pappen eingeleimten Bändern den Vorzug, daß man bloß zwei Schleifen zu binden hat, nicht aber vier, und daß man, wenn ja einmal ein Band reißen sollte, mit der leichtesten Mühe ein anderes einziehen kann. Die Größe der Mappen muß genau der Größe des Formats entsprechen, in welchem die Pflanzen aufbewahrt werden, nicht größer und nicht kleiner, in ersterem Falle würden sich die Bogen unter einander verschieben können, wodurch die Pflanzen leicht entstellt werden, in letzterem Falle würden die Mappen nicht den nöthigen Schutz gewähren. Schließlich sei noch darauf aufmerksam gemacht, die Mappen auf die in Fig. 1 gezeigte Weise zu verwenden, aber nicht umgekehrt, damit die ungefähr ein Zoll vom Pappenrande wieder durchtretenden Bänder die von den Mappen umschlossenen Bogen um so fester umfassen, die Pappendeckel aber nicht so leicht ausreißen können.

Viertes Kapitel.

Vom Pflanzensammeln, Pflanzentrocknen und Aufbewahren.

Was von den Pflanzen alles zu sammeln sei, davon ist theils schon gesprochen worden, theils wird noch fernerhin ausführlich darüber gesprochen werden. Hier sei nur die Rede davon, wie man sie zu sammeln habe.

Das Bestimmen der Pflanzen, wurde früher gesagt, giebt hinreichende Auskunft über das, was von den Pflanzen gesammelt werden muß und was mithin auch im Herbarium aufzubewahren ist. Ein für viele Pflanzen ganz wesentlicher Theil sind unter andern auch die unterirdischen Stamm- und Wurzelgebilde, d. i. die Zwiebeln, Knollen, Rhizome und Wurzeln. Um nun dieselben auf die leichteste und sicherste Weise zu Tage fördern zu können, bedarf man eines Instrumentes, welches man leicht bei sich führen kann und mit dessen Hülfe man nöthigenfalls auch ein Stück des dichtesten Rasens, in dem die Wurzeln nicht selten verfilzt sind, auszustechen im Stande ist. Das geeignetste Instrument hierzu ist zweifelsohne eine Art kleiner eiserner Spaten, mit Stiel und Griff ungefähr ein Fuß hoch, unten spitz (damit er leicht in den dichten

Rasen eindringen kann) und oben mit einem hölzernen Griffe, ungefähr von Gestalt der Figur 2. Ein eiserner Griff oder Ring ist deshalb zu verwerfen, weil er bei vielem Graben in festem Rasen sehr schnell Blasen im Handteller verursacht, da aller Druck auf eine zu kleine Stelle des Handtellers ausgeübt wird.

Fig. 2.

Daß von dem ausgestochenen Stück Rasen alles nicht zur Pflanze Gehörige behutsam entfernt werden muß, versteht sich von selbst; am besten wird diese Reinigung erfolgen können, wenn man dieselbe im Wasser vornimmt, und wenn auch nicht allemal bei Rasenstücken, so doch jedenfalls dann, wenn die anhängenden fremden Stoffe vorzugsweise aus Schlamm bestehen. Außerdem bedarf man nur noch eines scharfen Messers und einer Blechtrommel (Botanisirbüchse) oder einer Mappe, um die gesammelten Pflanzen darin zu bergen.

Es ist hier der Ort, zu erörtern, ob die Trommel oder die Mappe der zweckmäßigere Begleiter auf Excursionen sei. Gegen beide läßt sich manches Nachtheilige vorbringen, für beide manches Vortheilhafte sagen.

Die Mappe hat das Angenehme, daß die Pflanzen sofort einem Drucke ausgesetzt werden, welcher das spätere Einlegen derselben in die Presse wesentlich erleichtert. Durch diesen Druck sind zarte, leicht ausfallende Blumenblätter vor dem Ausfallen geschützt, welche in der Trommel fast regelmäßig verloren gehen. Stachlige und sparrige Pflanzen (z. B. Rubus-Arten, Disteln u. s. w.) lassen sich in der Mappe mehr zusammenpressen und schaden auch den mit ihnen gleichzeitig gesammelten zarteren Pflanzen weniger als in der Trommel, deren Raum schon von sehr wenigen Zweigen eines Brombeerstrauches so erfüllt wird, daß ein weiterer Zweig nicht mehr darin geborgen werden kann, wenn sie sich mit ihren Stacheln nicht so untereinander verfitzen sollen, daß sie beim Herausnehmen aus der Trommel den größten Schaden leiden; dagegen bestehen die Nachtheile der Mappe darin, daß die austrocknenden Sonnenstrahlen zu sehr in die Mappe eindringen können, wodurch die Spitzen der doch nur flüchtig in sie eingebrachten Pflanzen, welche sogar vielfach aus der Mappe hervorragen werden, verdorren und schrumpfen, wodurch die Exemplare entstellt werden. Nasse Pflanzen, welche man in einer Mappe birgt, durchweichen das Papier und verlieren schließlich, wenn die Excursion an einem heißen Tage ausgeführt und vielleicht weit ausgedehnt wurde, die für sie nöthige Feuchtigkeit, die sie, ohne hinlänglichen Druck, vor dem Schrumpfen sichert. Ein fernerer Uebelstand ist der, daß alle diejenigen Pflanzen, welche in dichten Massen wachsen und deshalb auch in solchen gesammelt werden, in der Mappe durch den auf sie ausgeübten Druck derartig zusammengedrückt werden, daß sie bei dem später erfolgenden sorgfältigeren Einlegen nicht mehr auseinander gezupft werden können, ohne sie allzusehr zu zerreißen.

Die Trommel dagegen gewährt den Vortheil, daß sich die Pflanzen, auch bei einer länger ausgedehnten Excursion, frisch erhalten und nicht welken, zumal wenn man an heißen Tagen entweder einige Wasserpflanzen mit hineinthut, oder in Ermangelung derselben die allzutrockenen Pflanzen ein wenig mit Wasser besprengt. Durch die von außen auf die Trommel einwirkende Hitze wird dieses wenige Wasser in Wasserdampf verwandelt, in welchem sich die Pflanzen, wie in den feuchten, aber warmen Urwäldern, außerordentlich gut conserviren. Ein weiter Vortheil der Trommel besteht darin, daß man in der Trommel heim-getragene Pflanzen, falls sie unterwegs ihre zarten Blumenblätter verloren oder geschlossen haben sollten, noch in das Wasserglas einstellen kann, bis sie aufs Neue Blüthen entfaltet haben, oder bis man die zum Einlegen erforderliche Zeit gefunden hat.

Da nun Trommel und Mappe ihre eigenen Vortheile und Nachtheile besitzen, so ist es, um die ersteren benützen, die letzteren vermeiden zu können, jedenfalls recht zweckmäßig, sich auf Excursionen mit beiden zu versehen und ein-zelne Pflanzen in der Trommel, andere in der Mappe zu bergen, je nachdem die bald erlangte Erfahrung das Eine oder das Andere erheischt.

Hier sei nur noch ein Wort über die zweckmäßige Einrichtung einer Trom-mel oder Botanisirbüchse vergönnt. Es ist nämlich eine ganz seltsame Er-scheinung, daß fast alle Trommeln so ungeschickt eingerichtet sind, daß, wenn unterwegs der Deckel unbemerkt aus irgend einem Grunde aufgeht, oder aus Versehen nach dem letzten Oeffnen nicht wieder geschlossen wurde, dann die in der Trommel geborgenen Pflanzen herausfallen können. Die einzige zweck-mäßige Trommel ist die, bei welcher der Deckel nicht an der Seite, d. h. an der breiten Seite der Trommel, sondern oben, d. i. an der im hängenden Zustande nach oben gekehrten schmäleren Seite der Trommel angebracht ist. Nur bei einer solchen Einrichtung ist man gegen dergleichen Unglücksfälle sicher gestellt, ja man hat nicht einmal nöthig, den Deckel jederzeit zu schließen, sondern kann ihn getrost offen stehen lassen, wodurch manche kleine Mühe erspart wird. Freilich wird man derartig eingerichtete Trommeln kaum irgendwo vorräthig finden, sondern wird sich dieselben besonders anfertigen lassen müssen, da es fast scheint, als suchten sämmtliche Klempnermeister etwas darin, sie nur auf die alte, aber höchst unpraktische Weise einzurichten.

Daß man ferner lieber nach der größten Trommel greife, als nach einer mittelgroßen oder kleinen, versteht sich wohl von selbst, da oft die größte noch zu klein ist, wenn man auf einer lohnenden Reise viel sammeln möchte, oder, was doch auch vorkommt, von großen Pflanzen viele Exemplare gleichzeitig nach Hause tragen will.

Das Einlegen oder Trocknen der heimgebrachten Pflanzen besorgt man am einfachsten auf folgende Weise: Man breitet die Pflanzen auf Löschpapier so aus, daß ihre natürliche Gestalt und die etwa früher oder später zu wiederholende Untersuchung einzelner Theile dadurch möglichst wenig beeinträchtigt wird, trägt jedoch dafür Sorge, daß sich nicht viele Theile decken, weil diese sonst während des Trocknens leicht verschimmeln und verderben würden. Hierauf bedeckt man die Pflanzen, je nachdem sie zart und klein, oder sparrig und dick sind, mit wenigen oder zahlreichen Bogen dicken grauen Löschpapieres, welches die in den Pflanzen enthaltene Feuchtigkeit in sich aufzunehmen bestimmt ist. Auf diese Bogen legt man dann wieder Pflanzen, welche auf gleiche Weise bedeckt werden, und so fort, bis alle Pflanzen eingelegt sind und nun unter eine Presse gebracht werden können.

Sind die einzulegenden Pflanzen größer, als das Format, in dem man sie trocknet oder aufbewahren will, so ist es besser, sie zu knicken, als sie zu zerschneiden, weil bei dem Knicken die Theile nicht getrennt werden, sondern noch ein zusammenhängendes Ganze bilden, während man bei dem Zerschneiden nur Bruchstücke erhält, von denen man gar leicht später nicht mehr weiß, welche von ihnen zusammengehören. Sind die Pflanzen so umfangreich, daß sie durch das Knicken sich decken würden, so ist es gut, einen Bogen Löschpapier dazwischen zu legen. Ganz verwerflich aber ist es, die Pflanzen, statt sie zu knicken, nur so weit zu biegen, als es erforderlich ist, um sie im Herbarienformate unterzubringen, denn durch das Biegen verlieren sie ihre natürliche Gestalt und geben leicht zu der irrthümlichen Meinung Veranlassung, als wären die Exemplare im Leben überhängend, statt steif aufrecht gewesen.

Um die eingelegten Pflanzen dem nöthigen Drucke auszusetzen, damit sie beim Trocknen nicht gleichzeitig schrumpfen, hat man sich vielfach der Buchbinderpresse bedient, mit welcher man jeden beliebigen Druck ausüben kann. Noch einmal aber sei es hier wiederholt, daß ein zu starker Druck durch die Buchbinderpresse den Pflanzen wohl ein recht nettes Aussehen giebt, sie aber für jede spätere Untersuchung untauglich macht. Um sich dieser Gefahr nicht auszusetzen, wählten Andere eine weit einfachere Presse, d. h. sie bedeckten den Stoß Löschpapier, welcher die zu trocknenden Pflanzen enthielt, einfach mit einem Brette und beschwerten dieses mit einigen Ziegelsteinen.

Beide Arten von Pressen erwiesen sich aber insofern als höchst unpraktisch, als bei jeder der Zutritt der austrocknenden Luft fast völlig abgeschnitten war. Die den Pflanzen innwohnende Feuchtigkeit zog sich in das Löschpapier, dieses aber konnte nicht wieder trocknen und es war daher nöthig, die Pflanzen von Tag zu Tag so oft in trocknes Löschpapier umzulegen, bis sie endlich völlig trocken waren. Wurde das fleißige Umlegen verabsäumt, so verdarben die Pflanzen, da sie in Folge des sie dauernd umgebenden feuchten Löschpapieres verschimmelten und faulten.

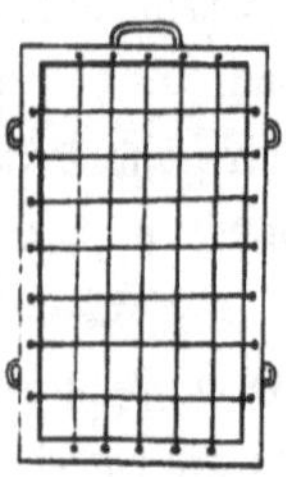

Fig. 3.

Die einzige zweckmäßige und empfehlenswerthe Art und Weise Pflanzen zu trocknen ist die, daß man sich eine oder mehre Drahtmappen von der Größe des Herbarienformates anfertigen läßt. Die Ränder derselben müssen aus einem Rahmen von starkem Eisenblech bestehen, was sich nicht so leicht biegen läßt, und zwischen ihm wird nun ein Drahtnetz ausgespannt, wie es in Figur 3 gezeichnet wurde. An den Seiten bringt man die nöthigen Oesen an, um die beiden Drahtdeckel leicht zusammenschnüren, und einen Henkel an der oberen Seite, um sie bequem tragen und frei aufhängen zu können. Zwischen je zwei solchen Drahtdeckeln wird nun ein nicht allzustarkes Paquet zwischen Löschpapier gelegter Pflanzen möglichst stark eingeschnürt und das Ganze frei aufgehangen, am liebsten an die Sonne und in den Wind. Jetzt kann die Luft von allen Seiten her auf die eingepreßten Pflanzen einwirken, das durch die Pflanzen feucht gewordene Löschpapier kann seine Feuchtigkeit wieder an die Luft abgeben und die Pflanzen trocknen auf diese Weise schneller und schöner, als auf die gewöhnliche Weise, und außerdem erspart man sich das lästige und zeitraubende Umlegen derselben in trockenes Löschpapier, sobald die Pflanzen nicht gar zu saftreich sind.

Dergleichen Drahtmappen sind auch höchst zweckmäßige Begleiter auf größeren Reisen, von denen man eine größere Zahl von Pflanzen mitzubringen wünscht. Die Pflanzen würden in der Trommel, oder massenweise in der Botanisirmappe geborgen, unterwegs verderben und müssen demnach schon unterwegs getrocknet werden. Im Besitze zweier solcher Drahtmappen kann man auf der Reise an jedem Abende ohne allzuviel Löschpapier bei sich führen zu müssen, die Ernte des letzten Tages in der einen Mappe unterbringen, dieselbe an einem trockenen und luftigen Orte aufhängen und den folgenden Tag auf eigenem oder fremdem Rücken weiter führen. Innerhalb dieser 24 Stunden wird gewiß der größte Theil der eingelegten Pflanzen getrocknet sein, um wieder den Kindern des neuen Tages den Platz räumen zu können. Die getrockneten Pflanzen werden in einer zweiten Mappe untergebracht, in welcher sie entweder den letzten Rest ihrer Feuchtigkeit vollends verlieren, oder, wenn dies schon geschehen war, nun der Raumersparniß halber ziemlich dick übereinander aufgehäuft werden können. Auf diese Weise zu reisen erspart dem Botaniker die höchst unangenehme Erfahrung, den größten Theil der Ernte am Ende seiner Reise ganz oder halb unbrauchbar geworden zu sehen.

Nicht unwichtig ist aber die Frage, wie viel man sammeln soll. Der Anfänger verfällt nämlich gar leicht in den Fehler, zu wenig zu sammeln, d. h. von einer Art zu karge Exemplare einzutragen. Oft sieht man, wie botanische Sammler von zahlreichen in freier Natur angetroffenen Pflanzen einer und derselben Art sorgfältig das kleinste Exemplar aufsuchen, weil dieses leichter zu trocknen ist, als ein großes, oder von einem Strauche, einem Baume u. s. w. einen so kleinen Zweig abbrechen, wie irgend möglich. Ein Herbarium aus lauter solchen Exemplaren entbehrt aber ganz der natürlichen Treue, da es nur eine Sammlung von Zwergen und kleinen Bruchstücken ist. Ein gutes Herbarium soll die Natur wiedergeben, wie sie ist, und deshalb verlangt man von ihm, daß es die einzelnen Pflanzenarten nach ihren verschiedenen Größenverhältnissen und sonstigen Abweichungen enthalte. Auch da, wo die Größenverhältnisse nicht wesentlich wechseln, sind gleichwohl mehre Exemplare erwünscht, um eben durch ihre Uebereinstimmung in der Größe das der Pflanze eigenthümliche Größenverhältniß darzuthun. Ein anderer Grund, welcher von mittelmäßig großen Pflanzen einige, von kleinen Pflänzchen sogar ihrer ziemlich viele als Vertreter im Herbarium erfordert, ist der Umstand, daß ein einziges Exemplar gar leicht durch Insectenfraß zerstört oder bei Gelegenheit einer späteren Untersuchung zerbrochen wird, oder sonst verloren geht. Gleichwohl aber lege man im Herbarium auch nicht zu viele Pflanzen einer und derselben Art in einen Bogen, auf daß sie nicht über einander zu liegen kommen, was ihnen vielfach verderblich werden könnte, sondern lege, wenn man sie dennoch für nöthig erachtet, einen oder mehrere halbe Bogen Papier dazwischen. Auch von verschiedenen Standörtern gesammelte Pflanzen trennt man in ihrem Artbogen durch das Einlegen halber Bogen, weil sonst die Vertreter der verschiedenen Fundorte gar leicht mit einander vermischt werden würden.

Diesen verschiedenen Vertretern müssen nun jederzeit auch die betreffenden Etiquetten (etwa 32 aus einem Bogen gewöhnlichen Schreibpapieres geschnitten) beiliegen, auf denen nicht nur der Name der Pflanze nebst dem Autornamen enthalten sein muß, sondern auf welcher auch noch der möglichst genaue Fundort derselben und Tag und Jahr des Einsammelns anzugeben ist. Unter der genauen Angabe des Standortes ist aber nicht etwa bloß der Name des Dorfes (z. B. Ponickau bei Großenhain in Sachsen) zu verstehen, sondern man verlangt auch die Angabe der örtlichen Beschaffenheit, also z. B. an einem sonnigen Waldrande unter Gesträuch, auf einer torfigen Wiese, in einem feuchten Erlengebüsch u. s. w., sowie, wo es irgend möglich ist, die Angabe des geognostischen Substrates (Sandboden, Kalkboden, Salzboden 2c.) und, bei Gebirgspflanzen, der ungefähren Erhebung des Fundortes über den Meeresspiegel.

Da dergleichen Angaben gar zu leicht nicht mehr möglich sind, wenn man die Niederschrift derselben allzusehr verschiebt, so ist es räthlich, dergleichen Notizen sofort bei dem Einlegen der Pflanzen hinzuzufügen, selbst wenn es einstweilen nur flüchtig mit Bleistift geschehen könnte. Endlich muß aber noch darauf aufmerksam gemacht werden, daß die Pflanzen des Herbars von vielen Insecten, namentlich von den verschiedenen Arten der Gattung Onobium und deren Larven heimgesucht und oft ganz und gar zerstört werden. Am schlimmsten werden die Compositen, Umbelliferen, Papilionaceen, Cruciferen, Liliaceen, ganz besonders aber die Orobanchen und die Kätzchen der Weiden und Pappeln heimgesucht. Das einzige Mittel, diese und noch viele andere Pflanzen vor dem Untergange sicher zu stellen, ist einzig das, sie zu vergiften. Man wählt hierzu am geeignetsten in Alkohol aufgelösten Sublimat, taucht die zu vergiftenden Pflanzen völlig in demselben ein und läßt sie dann auf Löschpapier an freier Luft wieder trocknen. Eine wässerige Lösung des Sublimates ist unbrauchbar, weil diese nicht in den Pflanzenkörper eindringt, sondern in Perlenform auf ihm stehen bleibt und leicht wieder von ihm abläuft, ohne den vergiftenden Einfluß ausgeübt zu haben.

Fünftes Kapitel.

Das Beachten pflanzengeographischer Verhältnisse.

Die erste Aufgabe eines angehenden Botanikers ist allerdings die, die Pflanzen, wenigstens zunächst die gewöhnlicheren Pflanzen seiner Heimat, dem Namen nach kennen und unterscheiden zu lernen. Erst wenn man sich diese Kenntniß angeeignet hat, kann man an die höchst interessanten näheren Beobachtungen der einzelnen Pflanzen und ihrer Lebensverhältnisse gehen. Die erste Veranlassung zu solchen Beobachtungen findet man leicht in dem größeren oder geringeren Einflusse, welchen pflanzengeographische Verhältnisse auf die Pflanzenwelt ausüben.

Wie nämlich die Menschen unter andern Verhältnissen des Lebens auch selbst ganz andere Menschen zu sein scheinen, anders im Glücke und im Unglücke, in der Freude und im Schmerze, in der Gesellschaft des Fröhlichen und in der des Weinenden, so erscheinen auch die Pflanzen unter andern Verhältnissen oft als ganz andere. Den wichtigsten Einfluß auf sie üben die verschiedenen Bodenverhältnisse aus. Dieselbe Pflanze, welche auf unfruchtbarem und dürrem Boden ein einziges dürftiges Blüthenköpfchen auf ihrem nur fingerhohen Stengel trägt, dessen dürftige Blättchen ungetheilt und ziemlich stark behaart erscheinen, bildet auf feuchtem und fettem Boden eine vielfach verzweigte, mit hundert prächtigen Blüthenköpfchen beladene stattliche Staude, deren saftstrotzende, glänzend grüne und völlig kahle Blätter sämmtlich drei- oder fünftheilig u. s. w. eingeschnitten sind, und dennoch ist es dieselbe Pflanze, vielleicht aus demselben Samen hervorgegangen, aus welcher jenes kümmerliche Pflänzchen hervorging.

Ein anderes Gewand trägt ferner die Pflanze, welche ihre Schönheit und Fülle zu der Zeit entfaltete, wo ihre gleichnamigen Schwestern ihren Blüthenschmuck entwickelten, als diejenige, welche, ihre Blüthenschwestern überlebend, einsam und verlassen unter den neuerblühten Kindern des Herbstes ihr schwaches Haupt noch aufrecht zu erhalten versucht, aber die kältere Sonne nicht mehr zu vertragen scheint. Sie ist das treue Abbild des Greises, welcher Alle, die ihm theuer waren, überlebte, und nun einsam und betrübt, auf seinen nahen Tod hoffend, unter einer neuen, seiner alten Denkungsweise entfremdeten Nation dahinschleicht.

Wie ferner der Schiffbrüchige, welcher von dem trügerischen Meere an fernem und unwirthlichem Strande ausgeworfen wurde, hier auf ungewisse Hülfe hoffend, sein Leben mit Austern kärglich zu fristen sucht, — so finden wir auch Pflanzen, welche aus ihrem Lebenselemente, dem Wasser, herausgerissen wurden, oder sich durch Ablassen desselben plötzlich den austrocknenden Strahlen der Sonne ausgesetzt sahen. Aus der gänzlichen Veränderung ihrer Lebensverhältnisse mußte entweder ihr schneller Tod erfolgen, oder eine gänzliche Umänderung ihrer Lebensweise hervorgehen. Die unter dem Wasser einst verborgenen Stengel mit ihren entfernt stehenden Internodien starben ab und neue Stengel mit verkürzten Internodien wurden getrieben. Die einst so entfernt stehenden Blätter stehen jetzt dicht über einander und wurden endlich durch die veränderten Functionen derselben nicht unwesentlich umgeformt.

Andere Störungen sehen wir mit der veränderten Erhebung über den Meeresspiegel eintreten. So verliert z. B. die himmelanstrebende Fichte ihr majestätisches Antlitz, wenn das Samenkorn, aus welchem sie hervorging, vom Winde über die Baumvegetation emporgetragen wurde zu der Grenze der Strauchvegetation, um sich hier als Zwergstrauch zu entwickeln, der seine dürftigen Zweige nie im Blüthenschmucke sieht, gleichsam als sollte nicht etwa aus einem starken und kräftigen Geschlechte eine verkrüppelte Generation hervorgehen.

Welch ein reichlicher Stoff zu den interessantesten Beobachtungen ist nun schon durch einen einzigen Teich gegeben, welcher dieses Jahr trocken gelegt werden soll! Welche von den Pflanzen, die zeither seine feuchten Ufer zierten und sich auf seinen schwachen Wellen schaukelten, werden der Veränderung erliegen? Welche werden sie überleben? Welche Veränderungen werden in letzteren vorgehen? Welchen reichen Stoff zu tausendfältigen Beobachtungen bietet ein einziger hoher Berg dar, um zu erforschen, welche Pflanzen von denen, die an seinem Fuße wachsen, sich bis zu seiner Spitze erheben oder bloß bis zu seiner halben Höhe u. s. w.? Welche derselben umgekehrt auf dem Berge besser gedeihen als an seinem Fuße, zu welchem sie wahrscheinlich nur durch Regengüsse herabgeschwemmt wurden? Biographien lassen sich schreiben über jede einzelne der zahlreichen Pflanzen, wenn wir sie nur mit dem rechten Forscherauge beschauen und uns nicht damit begnügen, sie einfach ihrem Namen nach zu kennen!

Sammle man von dergleichen verschiedenen Vorkommnissen einer und derselben Pflanzenart je ein oder wenige Exemplare und vereinige sie mit Hinzufügung der nöthigen Notizen mit einander im Herbarium — und man hat einen Theil ihrer Biographien, und zwar niedergeschrieben vom treuesten Biograph, von der Natur selbst. Die übrigen noch mangelnden Theile der Biographien werden die folgenden Kapitel zu ersetzen wissen.

Außer der verschiedenen Beschaffenheit des Bodens hinsichtlich seiner Fruchtbarkeit oder Unfruchtbarkeit, seiner Trockenheit oder Feuchtigkeit und seiner wechselnden Erhebung über den Meeresspiegel trägt nun ferner noch seine chemische Beschaffenheit außerordentlich viel zu dem kräftigen oder minder kräftigen Gedeihen wenigstens vieler Pflanzen bei.

In der That giebt es Pflanzen, denen eine jede Bodenart zu ihrer Entwickelung willkommen ist, die sich eben so wohl auf Kalk- und Salzboden, wie auf Sand- und Thonboden u. s. w. entwickeln. Dergleichen Pflanzen pflegt man bodenvage zu nennen. Andere Pflanzen finden sich zwar auch auf den verschiedensten Bodenarten ein, ziehen aber eine derselben allen übrigen insofern vor, als sie auf und in ihr am kräftigsten und zahlreichsten gedeihen; solche Pflanzen nennt man die bodenholden. Die bodensteten Pflanzen endlich sind diejenigen, welche entschieden nur in einer bestimmten Bodenart gedeihen, nach welcher man sie wohl auch zu benennen pflegt, als: Kalkpflanzen, Sandpflanzen, Salzpflanzen u. s. f.

Welch weites Feld für die interessantesten Beobachtungen erschließt sich wieder aus diesen einfachen Andeutungen schon für den, welcher nur die allergewöhnlichsten Pflanzen seiner Heimat nach dieser Richtung hin kennen zu lernen versucht. Von welchem hohen Interesse wird ein weiterer Ausflug begleitet sein in eine Gegend mit einem andern geognostischen Substrat, mit einer andern Bodenart. Ohne auf das eben genannte Verhältniß der Pflanzen zu achten, wird der Sammler von sogenannten botanischen Seltenheiten in der fremden Gegend an alle dem stumm und kalt vorüber gehen, was ihm aus der

Heimat bekannt ist, und seine Blicke nur immer nach dem Neuen und Unbekannten schweifen lassen, während er als Pflanzengeograph, d. h. auf jene Verhältnisse achtend, mit gleichem, wo nicht mit höherem Interesse auf das Bekannte achtet und sich freut, die trauten Kinder der Heimat auch auf fremdem Boden, in ungleicher Höhe und vielleicht verschiedenem Klima wiederzufinden; er gleicht dem Reisenden, welcher sich im fernen Lande nicht darüber besonders freut, immer und immer wieder fremden Gesichtern zu begegnen, weil sie Italiener oder Spanier sind, sondern hoch entzückt ist, wenn er wieder einmal mit Landsleuten zusammenkommt.

Oder hat es für den Botaniker, welcher seine Sammlungen nicht auf die Pflanzen aller Länder der Erde ausdehnen will und kann, nicht ein weit höheres Interesse, wenn er die niedliche Anagallis arvensis, auf mexicanischem Boden gewachsen, erhält, als wenn er das ihm völlig fremde Desmodium Aparines oder irgend eine andere ihm fremde Pflanze aus Mexico sein nennen kann? Was nützt ihm die letztere? Lernt er dadurch die mexicanische Flora nur einigermaßen kennen? Bekommt er irgend ein Bild der dortigen Vegetation? Erweitert er seine botanischen Kenntnisse auf irgend eine erwähnenswerthe Weise? Gewiß nicht! Anders ist dies im ersten Falle. Hier erweitert er wirklich seine bereits erworbenen Kenntnisse, denn er erfährt, daß die ihm bereits auf jeder Bodenart entgegengetretene freundliche Anagallis noch weit über die Grenzen seines weiteren Vaterlandes hinaus vertreten ist und läßt ihn ahnen, daß er in der Anagallis eine kosmopolitische, eine über den ganzen Erdball verbreitete Pflanze vor sich habe. Er bemüht sich, über ihre weitere Verbreitung über Asien und Africa Erkundigungen einzuziehen, und findet seine Muthmaßung entweder bestätigt, oder irrig.

Sechstes Kapitel.

Vom Beobachten der Pflanzen in ihren verschiedenen Altersstadien.

Wer wollte wohl behaupten, den großen Alexander von Humboldt persönlich genau gekannt zu haben, wenn er einst mit einem im kräftigsten Alter stehenden jungen Manne dieses Namens in den blühenden Gefilden Andalusiens, oder in den Prärien des südlichen America, auf den Cordilleren oder irgend wo sonst wenige Stunden lang zusammengewesen war, später aber nichts wieder von ihm gelesen und gehört hat, als nach seinem Tode seinen Namen und daß er ein Heros der Wissenschaft gewesen sei? Weit eher kann sich Jemand rühmen, ihn zu kennen, der ihn nie sah, aber recht viel von und über ihn gelesen hat. Das meiste Recht seiner genauen Bekanntschaft hat aber der, welcher während des größten Theiles seines Lebens Gelegenheit hatte, unmittelbar in seiner Nähe und in herzlichem Umgange mit ihm zu leben und die Resultate seiner Forschungen aus seinem Munde zu vernehmen, noch ehe sie den schleppenden Gang des Federkieles zurückgelegt hatten, um vor die Oeffentlichkeit zu treten.

Von einem Freunde, der sich meiner genauen Bekanntschaft rühmt, verlange ich mehr, als mich von Angesicht zu kennen, mehr, als meine bürgerliche Stellung und meine Leistungen zu kennen: ich verlange von ihm, daß er auch meine Schwächen und Fehler kennt, namentlich aber, daß er meine Jugend, meine Erziehung kennt, die den Grund zu meiner späteren Entwickelung gelegt hat, nur dann erst kann er mich richtig beurtheilen, nur dann erst weiß er, was von meinen Vorzügen mein Verdienst ist und was nicht, was von meinen Fehlern mir, und was Andern zuzuschreiben ist.

Auch die Pflanzen haben ihre Jugend, ihre Blüthezeit und ihr Alter, und wenn wir sagen wollen, wir kennen sie, so ist es an uns, sie allseitig kennen zu lernen, zunächst in ihrer Lebensgeschichte, d. i. von ihrer Entwicklung aus dem Kerne bis zu ihrem Tode und über denselben hinaus, später in ihrer kosmopolitischen Stellung, nach ihrem Werthe oder Unwerthe für den Menschen, für das Thier, wie für den ganzen Haushalt der Natur.

Leichter als von einem Menschen kann man von der allergrößten Mehrzahl der Pflanzen eine vollständige Biographie schreiben, einerseits, weil man in der

Regel reichlichen Samen zur Verfügung hat, um zunächst mit ihm Keimversuche der mannichfachsten Art anzustellen, andererseits aber auch, weil man durch das Herbarium mit Leichtigkeit die sprechendsten Belege für die einzelnen Lebensentwickelungen liefern kann. Von hier an beginnen nun die nothwendigen Vervollständigungen des Herbars. Das erste, was den einzelnen bereits in das Herbar eingereihten Pflanzen nachzutragen ist, sind die reifen Samen, und zwar, wo es irgend möglich ist, theils noch von der Fruchthülle umschlossen, theils von derselben befreit.

Die ausgesäeten Samen zeigen nun nach dem Keimen zunächst die von den späteren Laubblättern mehr oder weniger abweichenden Keimblätter oder Cotyledonen, denen bald, nun schon höher organisirt, das zweite und dritte Blattpaar (bei den Dicotyledonen) oder das zweite und dritte Blatt (bei den Monocotyledonen) folgt. Dergleichen Keimpflänzchen sollten in keinem Herbar bei allen den Pflanzen fehlen, von denen man sie nur irgendwie auftreiben kann, und dieses ist bei Pflanzen sehr leicht möglich, von denen man überhaupt keimfähige Samen zu sammeln Gelegenheit hat. Aber wie viele heimische Pflanzen dürften wohl noch nie von einem Botaniker als Keimpflanzen beobachtet worden sein? Und schon dieser Umstand ist ein Beleg für die früher ausgesprochene Behauptung, daß derjenige, welcher sich, wenn auch nur als Dilettant, von diesem Büchlein willig leiten lassen wird, doch gar viel Interessantes nicht bloß für sich, sondern für die Botanik als Wissenschaft an den Tag fördern könne und werde.

Ein neues Interesse aber entspringt der ferneren Beobachtung der mannichfachen Keimpflänzchen, denn die ersten Blätter oder Blattpaare sind nach den allereinfachsten Gesetzen der Blattstellung angeordnet, sie sind gegenständig ($\frac{1}{2}$ oder [$\frac{1}{2}$] $\frac{1}{2}$ Stellung), gar bald aber geht ihr Stellungsverhältniß der Reihe nach durch die nächst höheren Stellungsgesetze allmählich zu dem der erwachsenen Pflanze eigenthümlichen Stellungsverhältnisse über. In dieser kurzen Anleitung zum rationellen Botanisiren kann natürlich auf eine Darlegung dieser höchst interessanten Blattstellungsnormen nicht eingegangen werden, es würde dies zu weit führen. Nothwendig aber erscheint es, diejenigen Leser, denen dieselben etwa noch ganz fremd sein sollten, aufzufordern, sich mit ihnen und andern zum Verständniß des pflanzlichen Lebens unumgänglich nothwendigen Gesetzen und Verhältnissen bekannt zu machen. Sie finden darüber hinlänglichen Aufschluß in jedem neueren wissenschaftlichen Handbuche der Botanik; wollen sie denselben aber in populärer Darstellungsweise geboten sehen, so seien ihnen die „Botanischen Unterhaltungen zum Verständniß der heimathlichen Flora“ von B. Auerswald und E. A. Roßmäßler (Leipzig, bei Herrmann Mendelssohn, 1858.) hiermit empfohlen.

Es bleibt nun natürlich dem Ermessen des Beobachters überlassen, von dergleichen Beobachtungen ebenfalls Beweisstücke in das Herbar aufzunehmen, oder ihm nur die gewonnenen Resultate einzuverleiben.

Neben den aus den einfachsten Normen in höhere, oft sehr zusammengesetzte Normen übergehenden Blattstellungsverhältnissen bietet bei Pflanzen mit normal gefiederten, gefingerten, überhaupt zusammengesetzten Blättern auch die allmähliche Umgestaltung der Blätter von den ersten einfachen Formen zu jenen zusammengesetzten ein nicht geringes Interesse dar, und es geben dergleichen Beobachtungen auch gleichzeitig vielfachen Aufschluß über manche später zu erörternden Abweichungen in den Blattbildungen in Folge des Standortes.

Bei Pflanzen mit unterirdischem Stamme, d. i. mit unterirdischem Axenorgane, mit einem sogenannten Rhizome, bietet die Beobachtung von dessen Wachsthumsweise ebenfalls einen reichen Stoff zu Untersuchungen, wenn man dabei namentlich auf das wechselnde Verhältniß bei der Entwickelung von Niederblättern und Laubblättern Rücksicht nehmen will.

Nach erlangter normaler Ausbildung schreitet die Pflanze nun zur Erreichung ihres Lebenszieles, der Fortpflanzung durch die Blüthenbildung, vor. Aber diese Blüthenbildung kann beschleunigt und verzögert werden, je nachdem der Pflanze wenig oder viel Nahrungsstoff zugeführt wird. Eine bekannte Thatsache ist es, daß Gärtner schwer und selten blühbare Pflanzen dadurch zur Blüthe treiben, daß sie dieselben in recht kleine Töpfe verpflanzen, wodurch ihnen die nöthige Nahrung zu ihrer weiteren Ausbildung entzogen wird. Gleichsam als ahnte die Pflanze in ihrer Lage ihren unvermeidlichen Tod, eilt sie noch vor demselben zur Erreichung ihrer Lebensaufgabe, zur Blüthenbildung. Eine neue Thatsache, um neue Beobachtungen daran zu knüpfen, wie weit man mit der Beschränkung der Nahrung bei einzelnen Pflanzen gehen kann, ohne sie zu tödten, wie weit die Zeit der Blüthe von derartig eingeschränkten Pflanzen von der Blüthezeit anderer kräftig genährter Pflanzen verschieden sei, in wie weit die ersteren mehr oder weniger zahlreich entwickelt werden, in wie weit dieselben noch reife Früchte zu tragen im Stande sind oder nicht. Doch genug von Andeutungen zu Beobachtungen dieser Art, welche noch leicht gesteigert werden könnten, wenn man auf Versuche mit verschiedenen Bodenarten (Sand-, Kalkboden u. s. w.) eingehen wollte.

Der Blüthe folgt die Frucht. Auch sie ist mannichfachen Abänderungen unterworfen, bei einer Pflanze mehr als bei der anderen. Die Schwankungen sind nicht allein in der wechselnden Größe und Gestalt, sondern namentlich auch in der wechselnden Zahl der Samen oder der Fruchtfächer zu finden. Die normale Zahl der Fruchtfächer und der in ihnen eingeschlossenen Samen ist zur Zeit der Blüthe in dem durchschnittenen Fruchtknoten und der Zahl der einzelnen Ei'chen in denselben zu ermitteln. Von den Fruchtfächern und Ei'chen gelangen in vielen Fällen alle zur regelmäßigen Entwickelung, während in andern Fällen einzelne Fächer normal unentwickelt bleiben. In diesem Falle pflegt sich dann das benachbarte Fruchtfach auf Kosten des unentwickelt gebliebenen auszudehnen. In noch anderen Fällen ist die Entwickelung oder Verkümmerung der einzelnen Fruchtfächer eine schwankende u. s. f. Wiederum ein Beweis, wie mannichfache Beobachtungen schon an ganz wenigen Pflanzen angestellt werden können.

Wer es sich nun angelegen sein läßt, einzelne Pflanzen möglichst allseitig kennen zu lernen, muß endlich im Stande sein, sie in allen ihren einzelnen Lebensstadien und namentlich auch unter den mannichfachsten Lebensverhältnissen zu erkennen, und will er, daß sein Herbarium auf eine wissenschaftliche Vollständigkeit Anspruch machen kann, so müssen diese mannichfachen Entwickelungsformen auch in demselben vertreten sein, keinenfalls aber sollten die Keimpflanzen, die Blüthenpflanzen und die Fruchtpflanzen mit den reifen Früchten und Samen darin fehlen. Wer aber eine solche Vollständigkeit irgendwie anzustreben bemüht ist, wird sich wahrlich nie zu der Aeußerung veranlaßt sehen, das Botanisiren mache ihm keine Freude mehr, weil er für sein Herbarium nichts Neues mehr finde, geschweige denn, wenn er auch auf die Mißbildungen Rücksicht nimmt, die in der Pflanzenwelt vorkommen, von denen später die Rede sein wird.

Wer aber so beobachten gelernt hat, der wird auch im Stande sein, die Pflanzen in ihrem abgestorbenen und entblätterten Zustande zu erkennen, und wenn es ein Botaniker auch nicht zu der Fertigkeit bringen sollte, jedem dürren Pflanzenstengel anzusehen, von welcher Pflanze er herrühre, dahin aber zu gelangen, jeden entblätterten Baum und Strauch in seiner Wintergestalt zu erkennen, ist sicherlich nicht zu schwer. Jeder Forstmann muß es dahin gebracht haben, selbst wenn er nicht eben ein großer Botaniker ist, denn die Knospen und die Blattstielnarben an der Rinde der jüngeren Zweige bieten dazu hinlängliche Anhaltepunkte. Denjenigen Lesern, welchen es vielleicht mit dieser Winterflora Ernst sein sollte, sei ein kleines Büchelchen von Dr. Moritz Willkomm, Professor der Botanik und Zoologie an der königl. sächs. Akademie für Forst- und Landwirthschaft zu Tharand: „Deutschlands Laubhölzer im Winter" (Dresden. G. Schönfeld's Buchhandlung [C. A. Werner] 1859.) bestens empfohlen. Dasselbe wird ihnen durch seine naturgetreue Darstellung der verschiedenen Knospen und Blattstielnarben ein treuer Führer sein.

Der Sammler wird auch hieraus ersehen, daß in seinem Herbar die blattlosen Zweige der Bäume und Sträucher mit ihren Laub- und Blüthenknospen nicht wohl fehlen dürfen.

In gar mancher Beziehung würde es ferner nicht bloß interessant, sondern sogar nützlich sein, auch die Hölzer der verschiedenen Bäume und Sträucher, mit und ohne Rinde, unterscheiden zu können. Es können daher auch von ihnen dünne Längs- und Querschnitte, sowie verschiedene Rindenproben, ältere und jüngere, in das Herbarium aufgenommen werden. Zu diesem Studium der einzelnen Holzarten seien dem Leser die „Querschnitte von (je) hundert Holzarten ꝛc., herausgegeben von Professor Dr. H. Nördlinger. Stuttgart und Tübingen. J. G. Cotta'scher Verlag. 1852." freundlichst empfohlen.

Bieten nun schon normal entwickelte Pflanzen unendliches Material zu den fortgesetztesten und vielseitigsten Beobachtungen, so findet sich ein noch weit vielseitigeres Material, wenn man auch die Abnormitäten und Monstrositäten in's Auge faßt, welche in der Pflanzenwelt vorkommen. Von ersteren sei im folgenden Kapitel zunächst eine der interessantesten besprochen.

Siebentes Kapitel.

Von den Pelorienbildungen.

Zwei oft verwechselte Begriffe sind die Worte regelmäßig und gewöhnlich. Eine Blüthenform kann unregelmäßig und doch die gewöhnliche, kann regelmäßig und doch die ungewöhnliche sein.

Eine Blumenkrone heißt bekannter Weise eine regelmäßige (corolla regularis), sobald die einzelnen Zipfel derselben, oder ihre einzelnen Blumenblätter unter sich gleiche Gestalt und Größe haben, so daß sie durch jeden durch ihre Mitte gelegten Längsschnitt in zwei gleiche Hälften getheilt werden kann, unregelmäßig dagegen, sobald dies nicht der Fall ist. Eine regelmäßige Blumenkrone besitzt z. B. der Mohn, die einfache Rose, die Nelke, das Vergißmeinnicht, die Primel, die Glockenblume u. s. w., unregelmäßige Blumenkronen aber finden wir z. B. beim Veilchen, bei allen Lippenblüthlern, den Orchideen u. s. w.

Bei den letzgenannten Blüthen ist die unregelmäßige Blüthenform, welche übrigens besser die ungleichförmige zu nennen sein dürfte, die gewöhnliche oder normale. Gleichwohl gilt das Sprüchwort „keine Regel ohne Ausnahme" nirgends mehr als in der Natur, und so denn auch hier bei den unregelmäßigen Blumenkronen. Auch bei ihnen ist den Pflanzen die Möglichkeit gegeben, ausnahmsweise ihre unregelmäßigen Blüthenformen in regelmäßige umzustalten. Hierdurch entstehen bisweilen Gebilde von großer Schönheit und Seltenheit, die aber in der Regel mit der normalen Form wenig oder gar keine Aehnlichkeit mehr besitzen.

Figur 4 zeigt uns z. B. das gemeine Maulkraut (Linaria vulgaris) in seiner normalen Gestalt, d. h. mit lauter unregelmäßigen Blüthen. Jede dieser Blüthen hat eine unregelmäßige höckerige Blumenkronenröhre, welche in einen ungleich-zweilippigen Saum ausläuft. Die obere Lippe ist zweispaltig, die untere dreispaltig oder dreilappig. Aus diesen fünf Kronenlappen, sowie aus den fünf Kelchblättern darf man mit Recht schließen, daß die Blumenkrone als aus der Verwachsung von fünf Blumenblättern entstanden sei, und zwar die obere Lippe aus zwei, die Unterlippe aus drei Blumenblättern. Das mittlere der drei letztgenannten ist in einen langen Sporn ausgezogen.

Das Ganze einer solchen Blüthe ist mit einer Haubenmaske (persona) verglichen worden, wie sie die alten römischen Schauspieler einst trugen; sie bedeckten den ganzen Kopf und mußten demnach übergezogen werden, und daher rührt auch der Name „Personatae“, mit welchem man sämmtliche mit Linaria zu einer Familie vereinigten Pflanzen benannt hat.

Fig. 4. Fig. 5.

Wenn sich nun, was keineswegs allzuselten geschieht, die unregelmäßigen Blumen des gemeinen Maulkrautes zu regelmäßigen umgestalten, so kann dies auf mannichfache Weise geschehen. Die gewöhnlichste Art und Weise ist die, daß jedes der verwachsenen fünf Blumenblätter in einen solchen Sporn ausgezogen wird, wie es z. B. bei der Gattung Aquilegia stets geschieht. Dadurch aber schwinden auch die Gründe, welche die Blumenkrone zwangen, eine unregelmäßige zu werden, und dieselbe wird nun eine regelmäßige, d. h. eine allseits symmetrische, versehen mit fünf ganz gleichgestalteten Spornen und einem fünflappigen Saume (Fig. 5). Bei dieser Umformung verwandelt sich gleichzeitig das Rudiment des fünften Staubfadens, welches in der normalen Blumenkrone als kleiner fadenförmiger Fortsatz zu bemerken ist, in ein fünftes Staubgefäß und die vier, sonst zweimächtigen Staubgefäße erscheinen mit dem neu hinzugetretenen fünften Staubgefäße von vollkommen gleicher Länge, sodaß die Pflanze nun nicht mehr eine didynamische, sondern eine pentandrische ist.

Fig. 6.

Dergleichen Umformungen unregelmäßiger Blüthen zu regelmäßigen nennt man Pelorisation oder Pelorienbildung, die umgeformte Pflanze selbst aber eine Pelorie (peloria).

Dieselbe Pelorienbildung wurde außerdem auch noch an zahlreichen andern Linarien, als an Linaria spuria, L. Elatine, L. triphylla, L. Cymbalaria, L. Pelisseriana u. a. m. beobachtet und theilweise auch abgebildet.

Doch die Umgestaltung der unregelmäßigen Blumenkrone zur regelmäßigen erfolgt bei Linaria vulgaris auch noch auf eine zweite Weise. Der einzige, dem mittleren Blumenblatte der Unterlippe entsprungene Sporn fällt weg und die zweilippige Blumenkrone verwandelt sich in eine regelmäßige lange und dünnröhrige, mit einem regelmäßig fünflappigem Saume umgebene Blumenkrone ohne jeglichen Sporn (Fig. 6.), ungefähr von der Gestalt der Fabiana imbricata. Die auch hier zu fünf vorhandenen Staubgefäße haben gleiche Länge, sind also ebenfalls pentandrisch, aber oft sehr verkürzt und mehr oder weniger verkümmert. Fruchtknoten und Griffel sind regelmäßig, letzterer nach oben in eine dicke Narbe allmählich erweitert. Diese, wie es scheint, noch nirgends beobachtete und deshalb auch noch nicht beschriebene Pelorienform findet sich seit Jahren in Mecklenburg an einer

Stelle neben der Wismar'schen Chaussee bei Schwerin, wo sie zuerst von dem leider zu früh verstorbenen Lehrer Wüstney aufgefunden und mir freundlichst mitgetheilt, auch durch meinen botanischen Tauschverein vielfach vertheilt wurde.

Aber nicht alle an genanntem Orte wachsenden Umbildungen zeigen die in Figur 6. wiedergegebene Gestalt. An andern Individuen werden die Blumenkronenröhren breiter (Fig. 7.), oder sogar ziemlich glockenförmig (Fig. 8.). Jemehr diese Ausdehnung in die Breite hervortritt, desto mehr zeigt auch die Blumenkrone das Bestreben, sich in die fünf Blumenblätter aufzulösen, aus deren Verwachsung man sich die Linarienblüthe als entstanden zu denken hat. Die nach dieser Richtung hin am weitesten vorgeschrittene Blumenkrone zeigt Figur 9. Aus ihr geht die Möglichkeit einer dritten Pelorienform hervor, in welcher sich die verwachsene Blumenkrone in fünf freie Blumenblätter aufgelöst haben müßte, in ihrem Innern fünf freie Staubgefäße und ein Pistill zeigend. Jemehr sich die Blumenkrone erweitert und theilt, desto entwickelter erscheinen auch die Staubgefäße. Nach Analogie der in Figur 8 und 9 gezeichneten Zwischenbildungen müßte die endlich ganz aufgelöste Blumenkrone dann ungefähr die Gestalt zeigen, welche in Figur 10 idealisirt wurde und an dem genannten Orte vielleicht auch wirklich noch aufzufinden sein dürfte.

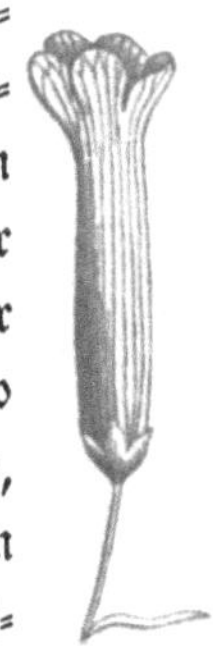

Fig. 7.

Fig. 8.

Fig. 9.

Fig. 10.

Dergleichen Pelorienbildungen finden sich aber keineswegs bloß an den Linarien, sondern wurden noch an gar vielen andern Pflanzen mit unregelmäßiger Blumenkrone aufgefunden, z. B. an dem gemeinen Löwenmaule (Antirrhinum majus), dem orientalischen Fingerhute (Digitalis orientalis), an Calceolaria rugosa, Impatiens Balsamina, Viola odorata und hirta, Rhinanthus, Pedicularis sylvatica, P. euphrasioides, Sesamum indicum, Chelone barbata, Vitex incisa, Medicago, Aconitum, Pelargonium, an zahlreichen Labiaten (Thymus, Teucrium, Galeopsis, Nepeta, Cleonia, Plectranthus, Mentha, Lamium, Sideritis), an Orchideen u. s. w.

Fig. 11.

Fig. 12.

Am häufigsten finden sich die Pelorienbildungen bei den Compositen, wo sich die ihrer Länge nach gespaltenen Randblüthen sehr oft in regelmäßige Röhrenblüthen umwandeln. So beobachtete ich z. B. dieses Jahr die Tagetes erecta, die bekannte aus Mexico stammende Zierpflanze, welche sich häufig in Bauergärten findet, vollständig zur Pelorienform (Fig. 11.) umgestaltet. Die weiblichen Randblüthen hatten sich zu keulenförmig-röhrigen Blüthen geschlossen, und die zwittrigen Scheibenblüthen hatten sich verlängert und genau dieselbe Gestalt angenommen, wie die Randblüthen. Durch diese Umgestaltung der letzteren hatten dieselben aber auch ihre Staubbeutelröhre eingebüßt und waren nur noch weiblich, wie es die ersteren schon in ihrem normalen Zustande sind. Dieselbe Umformung wurde auch schon von Weinmann (Kräuterb. Tab. 961. b.) und von Jäger (Mißbild. p. 176. Tab. II. Fig. 31. 32.) genau beschrieben und abgebildet; auch Decondolle erwähnt sie (Organogr. végét. I. p. 455). Ferner fand ich an einem und demselben Stocke einer Gaillardia pulchella gleichzeitig normale Blüthenköpfchen mit den gewöhnlichen

Strahlblüthen (Fig. 12.) und Köpfchen mit der Pelorienform (Fig. 13.), die sich jedoch hier bloß auf die Strahl- oder Randblüthen erstreckte, die kleinen röhrigen Scheibenblüthen aber unverändert gelassen hatte. Ein drittes Beispiel von dergleichen Pelorienbildungen bei Compositen liefern die allbekannten Röhrenastern, jene Umbildung der gewöhnlichen Gartenastern (Aster chinensis), bei welcher, wie bei Tagetes (Fig. 11.), sämmtliche Scheibenblumen sich verlängerten und die Gestalt und Farbe der röhriggeschlossenen Strahlblumen annahmen.

Fig. 13.

Als Eigenthümlichkeit der Pelorienbildungen ist noch zu erwähnen, daß sich dieselben bald auf alle Blumen einer Pflanze (bei Linaria), bald auch nur auf einzelne (wie bei Gaillardia) oder gar nur auf eine einzige erstrecken, daß manche Pelorien sich sogar durch Samen fortpflanzen lassen (z. B. die in Fig. 5 abgebildete Pelorie der Linaria vulgaris), daß endlich bei vielen Pelorien die Vergrößerung einzelner Theile mit einer Verkleinerung oder gar Verkümmerung anderer verbunden zu sein pflegt (z. B. in der dargestellten Pelorie der Linaria vulgaris [Fig. 6.], waren die Staubgefäße verkleinert und verkümmert, in der von Tagetes [Fig. 11] sogar gänzlich geschwunden). Ferner unterscheidet man vollkommene und unvollkommene Pelorien. Unter ersteren versteht man diejenigen Umbildungen einer unregelmäßigen Blume in eine regelmäßige, in welchen alle Theile der Blüthe die regelmäßige Form angenommen haben, wo also z. B. in einer fünftheiligen Blumenkrone an der Stelle der vier didynamischen Staubgefäße auch fünf gleichgestaltige Staubgefäße auftreten; unter ersteren, den unvollkommenen Pelorien, dagegen solche Umbildungen, bei denen nur ein Theil der Blüthentheile, in der Regel nur die Blumenkrone, auf die regelmäßige Form übergeführt wurde, während die übrigen Theile (Staubgefäße, Fruchtknotenfächer, Narben, Sporne u. dgl.) auf der unregelmäßigen Stufe der Ausbildung verblieben. So wurden z. B. Pelorienbildungen von Linaria pilosa und L. spuria gefunden, welche nur entweder zwei oder drei

Sporne hatten; hier waren mithin nur zwei oder drei Blumenblätter die Pelorienbildung eingegangen.

Was die Ursache zu den verschiedenen Pelorienbildungen betrifft, so darf man wohl annehmen, daß dieselbe im Ueberflusse von Nahrungsstoff zu suchen ist, und zwar einestheils, weil man bei Samenpflanzen oder Stecklingen von Pelorienpflanzen vielfach die Beobachtung gemacht hat, daß sie zu der normalen (unregelmäßigen) Blüthenform übergehen, sobald man sie auf dürftigen und unfruchtbaren Boden versetzt, anderntheils aber auch deshalb, weil man schon die Bemerkung machte, daß die einzelnen Blüthenkreise von Pelorienbildungen um ein Glied vermehrt waren, daß sich mithin z. B. statt vier Kelch- und Blumenblättern deren je fünf entwickelt hatten. Ferner spricht dafür der Umstand, daß einfache Blüthen der gemeinen Gartenbalsamine (Impatiens Balsamina) so leicht nie in der Pelorienform gefunden werden, halbgefüllte dagegen außerordentlich häufig. Gleichwohl kann aber der reichlich vorhandene Nahrungsstoff auch nicht der einzige Grund zur Pelorienbildung einzelner Pflanzen sein, da auch im umkehrten Falle auf dürrem Boden gefundene Pelorien der Linaria vulgaris, als sie auf fetteren Gartenboden verpflanzt wurden, schon im nächsten Jahre keine Spur von Pelorienbildung zeigten.

Endlich ist in den Fällen, wo nur einzelne Blüthen die Pelorienbildung eingingen, auf die Stellung dieser Blüthen zu achten, denn bisweilen waren es nur die endständigen Blüthen, in andern Fällen nur die der untern Rispenverzweigungen, und in noch anderen Fällen ließ sich gar keine Norm aufweisen, welche die Pelorisation etwa hätte verfolgt haben können.

Auch dieses Kapitel wird dem aufmerksamen Beobachter wieder vielfache Veranlassung zu den interessantesten Beobachtungen liefern, und dürfte derselbe nur darauf aufmerksam zu machen sein, daß die Pelorienbildungen nicht auf jeder Excursion aufzufinden sind, daß man deshalb nicht so leicht müde werden darf, sie aufzusuchen, selbst wenn man in einem ganzen Jahre nicht so glücklich sein sollte, eine solche aufzufinden. Häufiger dagegen finden sie sich in Gärten, und ziemlich sicher dürften sie z. B. jährlich auf Balsaminen- und Asterbeeten (die bereits genannten Röhrenastern) anzutreffen sein.

Achtes Kapitel.

Von dem Gegensatze der Pelorienbildung, oder von dem Uebergehen regelmäßiger Gebilde in unregelmäßige.

Im Allgemeinen kommen solche Umbildungen, von denen aber die häufig vorkommenden eigentlichen Mißbildungen noch wohl zu unterscheiden sind, in der Natur seltener vor, als die Pelorienbildungen, bei denen die unregelmäßige Form in die regelmäßige übergeht. Die mir einzig bekannten Umbildungen dieser Art finden sich bei den Compositen.

Eine sehr bekannte Form dieser Art von Umbildung liefert ebenfalls die gewöhnliche Gartenaster (Aster chinensis), wenn sie ihre röhrigen Scheibenblüthen verlängert und dann der Länge nach spaltet, sodaß sie nun genau dieselbe Gestalt und außerdem auch die Farbe der Randblüthen erhalten. Diese Form ist in den Gärten unter dem Namen oder vollen Astern oder der Kugelastern hinlänglich bekannt. Andere bekannte Beispiele dieser Umformung bietet z. B. das als Topfgewächs im Winter so beliebte Chrysanthemum coronopifolium (Ismelia coronopifolia C. H. Schultz), ferner die sogenannten „vollen" Gänseblümchen oder Tausendschönchen (Bellis perennis flore pleno), die „gefüllten" Georginen, Sonnenrosen (Helianthus annuus), die „gefüllten" römischen Camillen (Anthemis nobilis flore pleno) u. a. m., wobei jedoch schon hier erwähnt werden möge, daß dergleichen Blüthenbildungen nur irrthümlicher Weise mit dem Namen voller oder gefüllter Blumen belegt worden sind. Von den eigentlichen gefüllten Blumen wird die Rede im folgenden Kapitel sein.

Neuntes Kapitel.

Von der Umformung einzelner Organe in höhere oder niedere Organe, oder von der Pflanzenmetamorphose.

Bekanntlich spricht man nicht mehr von der Wurzel, vom Stengel, den Blättern, Blüthen und Früchten als von den verschiedenen Organen der Pflanzen, sondern man unterscheidet nur noch zweierlei Organe, Stengel- (oder

Axen-)Organe und Blattorgane. Alle vorher genannten Organe gehören entweder zu den Axenorganen, oder zu den Blattorganen, oder zu beiden zugleich. Allmählich sehen wir die unvollkommneren Blattgebilde, die Cotyledonenblätter und Niederblätter, zu den vollkommeneren Laubblättern, und diese zu den Hoch-, Kelch- und Blumenblättern sich umgestalten, und diese wieder zu (Staubgefäßen oder Staubblättern) und zu Pistillen. Von diesen regelmäßigen Umbildungen der niedriger organisirten Gebilde zu den höher organisirten kann wegen des beschränkten Umfanges dieses Buches hier nicht die Rede sein und es müssen dieselben als bekannt vorausgesetzt werden; die Aufgabe ist vielmehr bloß die, auf die Störungen, welche in dieser Entwickelungsreihe hier und da auftreten, aufmerksam zu machen, damit auch durch dieses Kapitel dem Leser neuer Stoff zu zahlreichen Beobachtungen geboten werde.

Die häufigsten Störungen in der genannten Entwickelungsweise höherer Gebilde aus niedriger organisirten Gebilden bestehen darin, daß einzelne dieser Gebilde nicht die ihnen zukommende höhere Organisation eingehen, sondern auf einer tieferen Entwickelungsstufe stehen bleiben, oder, wenn man sich so ausdrücken will, auf eine tiefere Entwickelungsstufe herabtreten.

Die häufigsten Fälle dieser Art finden sich auf der Stufe der Staubgefäße oder Staubblätter, welche auf die Stufe der Blumenblätter zurückgehen. Hierher gehören alle vollen oder gefüllten Blumen in eigentlicher Bedeutung des Wortes, nicht aber diejenigen, oft auch so benannten Blüthen, von denen im vorigen Kapitel die Rede war. Man versteht demnach unter „vollen" Blüthen nur solche Blüthen, bei denen an der Stelle der Staubgefäße Blumenblätter entwickelt wurden.

Betrachten wir eine Hundsrose unserer Wälder oder Wegränder u. s. w., so finden wir innerhalb der wenigen Kronenblätter überaus zahlreiche Staubgefäße. Dieselben sind sämmtlich als aus der Umwandlung von Kronen- oder Blumenblättern entstanden zu betrachten; dieselben besitzen aber auch die Fähigkeit, sich unter gegebenen Verhältnissen wieder in solche zu verwandeln, wodurch eben die sogenannten gefüllten Blumen entstehen. Jemehr die Blume in ihrem normalen Zustande Staubgefäße besitzt, um so gefüllter wird dieselbe nach deren Umbildung erscheinen. Es sei hierbei erinnert an die Königin der Blumen, an das zarte Symbol der Liebe, an die Rose unserer Gärten in ihrer hundert Blätter Fülle, die ihr auch den Namen der Centifolie verlieh. Von ihr, der

Centifolie, ist uns nicht einmal die normale einfache Form bekannt, nicht einmal ihr Vaterland, so lange schon wird in unsern Gärten nur die gefüllte Form derselben gezogen, und dennoch darf diese nicht als die normale Form betrachtet werden, denn sie ist der Natur gegenüber, nichts anderes als ein Krüppel, welcher in Ermangelung der Staubgefäße und der gleichzeitig verkümmerten Pistille seine Lebensaufgabe nicht erreichen kann, d. h. nicht für seine Fortpflanzung durch Frucht- und Samenbildung zu sorgen im Stande ist. Keine völlig gefüllte Pflanze, d. h. also keine solche, bei welcher sämmtliche Staubgefäße zu Blumenblättern umgeformt wurden, kann ohne fremde Hülfe reifen Samen liefern, kann eine Frucht bilden. Nur in dem Falle, daß ihr Pistill oder ihre Pistille von der Umbildung oder Verkrüppelung verschont blieben, und eine fremde und gesunde, nicht verkrüppelte Blüthenschwester dieselben mit lebensvollem Blüthenstaube bestreut, kann eine solche gefüllte Blüthe wirklich keimfähigen Samen hervorbringen, der aber in der Regel wieder der Mutter ähnliche Krüppel aus sich hervorgehen läßt.

Nur der Gärtner urtheilt anders, denn in seinen Augen sind die gefüllten Blüthen nicht die Krüppel, wie sie der Naturforscher nennen muß, sondern gerade die schönsten, bevorzugtesten und am besten gelungenen Kinder seines Fleißes.

Eine eigenthümliche Erscheinung ist der Umstand, daß sich dergleichen Verkrüppelungen gar häufig auf viele, wo nicht auf alle Theile der Blüthe beziehen, d. h. es werden oft nicht bloß die Staubgefäße auf eine niedrigere Entwickelungsstufe herabgeführt, sondern namentlich auch die Pistille. Ja es gehen dieselben sogar noch tiefer herab, als es bei den Staubgefäßen der Fall zu sein pflegt, und verwandeln sich gar in Laubblätter, was z. B. bei den gefüllten Kirschblüthen regelmäßig eintritt.

Fig. 14.

Natürlich unterliegen auch die Kelchblätter der Möglichkeit, auf einer tieferen Stufe ihrer Entwickelung verharren zu müssen, oder, mit andern Worten, sich zu Laubblättern umgestalten zu können. Eines der bekanntesten Beispiele dieser Art liefert das in Laubwäldern so häufig vorkommende Geum rivale (Fig. 14.), welches sehr oft mit derartig umgestalteten Kelchblättern (Fig. 15.) angetroffen wird. Auch die Rosenkönigin (s. das folgende Kapitel) pflegt stets zu Laubblättern umgeformte Kelchblätter zu besitzen. Daß gleich den Kelchblättern auch Hochblätter (Bracteen), Hüllblätter u. s. w. zu Laubblättern zurückschreiten können, versteht sich nach dem bisher Gesagten wohl von selbst. Ein interessantes Beispiel für eine derartige Umwandlung lieferte unter zahlreichen andern Pflanzen auch Arum maculatum, von welchem Sauter ein Exemplar fand, dessen Kolbenhülle zu einem vollkommen gestielten Wurzelblatte umgeformt war, während der Kolben selbst unverändert geblieben war.

Fig. 15.

Eine zweite Weise der Störung in der normalen Umgestaltung niederer Organe in höhere ist die, welche dieselben nicht auf einer niedrigeren Stufe verharren läßt, sondern sie vielmehr auf eine höhere führt, als es in der Regel der Fall zu sein pflegt. Eines der am zahlreichsten vorkommenden Beispiele dieser Art ist die Umbildung der Staubgefäße in Pistille oder Carpelle. Sie tritt zwar nicht so häufig auf, wie die Verwandlung der Blumenblätter in Staubblätter, und ist auch nicht künstlich herbeizuführen wie die genannte, ist aber gleichwohl keineswegs selten. Die vollkommenste Umwandlung dieser Art beobachtete ich an verschiedenen Weiden, bei denen dieselbe vorzugsweise oft vorzukommen scheint. Namentlich beobachtete ich sie an Salix cinerea und S. caprea in allen nur möglichen Zwischenbildungen und bin fest überzeugt, daß auch alle meine Leser, sobald sie nur nach dieser Richtung hin einen aufmerksamen Blick auf die zahlreichen Weiden werfen wollen, ebenfalls dieselben Uebergangsformen mit der Zeit finden werden; vor der Hand aber müssen sie sich begnügen mit der Darstellung, wie ich sie soeben unterstützt von einigen Zeichnungen geben will.

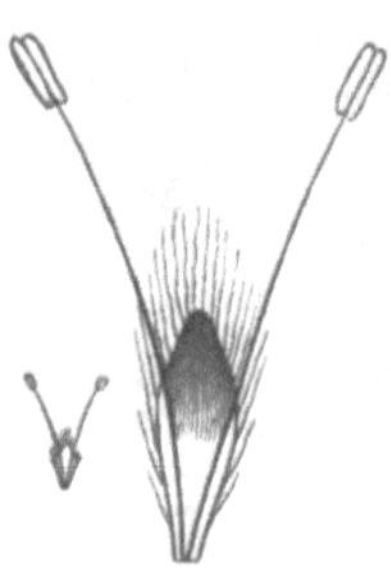
Fig. 16.

Figur 16. stellt zunächst eine normale Blüthe aus einem männlichen Kätzchen der Salix cinerea dar. Bei der ersten Umwandlung derselben erhebt sich zunächst das Connectiv, d. i. die zwischen den beiden Antherenfächern verlaufende Fortsetzung des Staubfadens, etwas über die Antherenfächer empor, die Hervorragung selbst aber wird mit einem kleinen, gespaltenen Köpfchen gekrönt (Fig. 17.); hierdurch entsteht die erste Andeutung des Griffels und der Narbe. Gleichzeitig lassen auch die Antherenfächer in ihrem Innern den Pollen oder Blüthenstaub immer mehr und mehr verschwinden, und verlieren dadurch auch immer mehr ihre gelbe Farbe. Bald ist von den gelben Antherenfächern nur noch am Rande eine kleine gelbe Andeutung vorhanden, bis endlich auch diese verschwindet. Mit diesem allmählichen Verschwinden beginnt nun die ehemalige Anthere sich ihrer Länge nach kahnförmig einzukrümmen, bis sich nach und nach die beiden emporgehobenen Ränder einander nähern und endlich mit einander verwachsen (Fig. 18.). Jetzt stehen auf beiden Staubfäden statt der ehemaligen Antheren kleine Gebilde, welche bereits die Gestalt kleiner Weidencapseln oder Weidencarpelle angenommen haben. Auch beginnen jetzt die beiden Staubfäden bisweilen schon von unten her mit einander zu verwachsen, sich auch wohl schon mit einzelnen feinen, noch rechtwinklig abstehenden Härchen zu bekleiden (Fig. 19.), ja in einzelnen Fällen verwuchsen auch schon die beiden kleinen Kapseln an ihrer Basis (Fig. 20.). Alle diese ersten Uebergangsformen fanden sich gleichzeitig auf demselben Strauche, ja in demselben Kätzchen mit einander vereinigt. Man kann sich nun leicht denken, daß mit Einziehung des verwachsenen Staubfadens und durch das Eintreten desjenigen Axenorgans, welches die Ei'chen trägt, des Samenträgers, in die neugebildete Kapsel dieselbe allmählich die normale Gestalt des Weidenpistills (Fig. 21.) erlangen. Allein eine zweite, sehr häufig in der Weidenwelt auf-

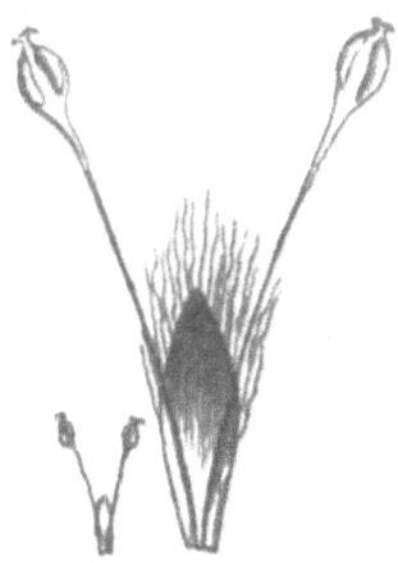

Fig. 17.

Fig. 18.

Fig. 19.

Fig. 20.

tretende Zwischenbildung zeigt, daß das Verwachsen der beiden neugebildeten Carpelle nicht allemal dem Einziehen des Staubfadens vorauszugehen hat, daß sich vielmehr die beiden noch völlig unverwachsenen Staubfäden nach der Umbildung der Antheren in Carpelle auch vorher schon verkürzen können. Wenn dies geschieht, so nehmen die Carpelle bereits ganz und gar das äußere Ansehen und dieselbe Behaarung an, wie normal entwickelte Carpelle, nur daß sie bloß halb so stark sind und auch nur die halbe Narbenbildung zeigen (Fig. 22.). Dergleichen Kätzchen gleichen denen mit normalen Carpellen vollkommen, nur daß die Carpelle, wie schon gesagt, doppelt so schmal sind und selbstverständlicher Weise auch doppelt so dicht stehen, weil sich hinter jeder Schuppe nicht ein, sondern zwei Carpelle befinden. Dergleichen Formen (formae geminicapsulae) beobachtete ich außer an Salix cinerea und S. caprea auch an S. aurita. An diesen letzten Formen fehlt nun einzig noch die Verwachsung, um die normalen Carpelle (Fig. 21.) darzustellen.

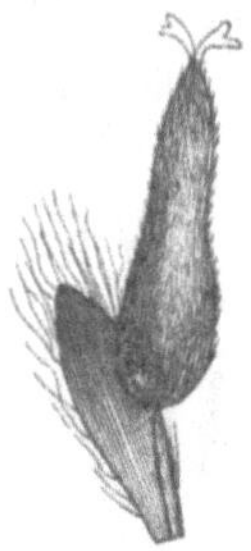

Fig. 21.

Fig. 22.

Andere Umbildungen der Staubgefäße in Carpelle wurden beobachtet an Sempervivum tectorum und S. montanum, wo sie ebenfalls ziemlich häufig vorzukommen scheinen, desgleichen an Tulipa Gesnerina, Rumex crispus, Erica Tetralix, Stachys germanica, Polemonium coeruleum, Euphorbia Esula, Campanula rapunculoides, Cheiranthus Cheiri, Tropaeolum majus, Papaver und an vielen andern Pflanzen. Bei einiger Aufmerksamkeit kann man leicht zahlreiche bereits beobachtete und noch nicht beobachtete Beispiele dieser Art von Umwandlung auffinden, sobald man sich nur gewöhnt hat, an bekannten Pflanzen nicht mehr deshalb stumm vorüber zu gehen, weil man dieselben bereits mit Namen zu nennen weiß, sondern sie immer und immer wieder anzusehen, um zu prüfen, ob irgend etwas Abweichendes an ihnen zu finden ist.

Eine interessante Form dieser Umwandlung sei noch besonders erwähnt, nämlich der sogenannte Feigenapfel oder der Pommier de Saint-Valery (Pyrus dioica Willd.), eine eigenthümliche abnorme Varietät des gemeinen Apfelbaumes (Pyrus Malus). Bei ihm sind die Blumenblätter zurückgegangen auf die Stufe der Kelchblätter, d. h. sie haben deren Gestalt, Membran und

Farbe angenommen, die Staubgefäße aber sind vorgeschritten auf die Stufe der Carpelle (Fig. 23.). Diesen seltsamen Baum sah sein Eigenthümer alljährlich seine verkümmerten Blüthen treiben, aber nie Früchte hervorbringen. Er wollte ihn deshalb abhauen lassen, als er noch rechtzeitig von einem Botaniker darauf aufmerksam gemacht wurde, daß er in Ermangelung der Staubgefäße unmöglich Früchte tragen könne, daß er aber wahrscheinlich dergleichen hervorbringen werde, — wenn zur Zeit der Blüthe die Pistille mit dem Blüthenstaube anderer Apfelblüthen befruchtet würden. Der Versuch wurde gemacht und die künstlich befruchteten Blüthen verwandelten sich in Früchte, deren Größe, Farbe und Geschmack je nach der Art, von welcher der Blüthenstaub zur Befruchtung genommen worden war, variirte. Außerdem wich aber die Gestalt aller dieser künstlich erzeugten Aepfel von den gewöhnlichen Aepfeln dadurch ab, daß sie ungefähr auf zwei Drittel ihrer Höhe eine merkliche Einschnürung zeigten, welche schon verrieth, daß sich in jeder dieser beiden Hälften ein eigenes Fruchtgehäuse (Kernhaus) befinde (Fig. 24.).

Fig. 23.

Die Erklärung dieser seltsamen Erscheinung ist sehr leicht. In der normal gebildeten Apfelblüthe stehen die Pistille im Grunde der fleischigen Kelchröhre, die Staubgefäße aber auf ihrem oberen Rande. Verwandeln sich nun die letzteren in Carpelle, so befinden sich demnach solche im Grunde der Kelchröhre und auf ihrem oberen Rande. Verwandelt sich nun der Kelch zum Apfelfleische, so ist es ganz natürlich, daß in ihm auch ein unteres und ein oberes Kernhaus vorhanden sein muß; das untere war in dem erwähnten Falle normal fünffächrig, das obere dagegen neunfächerig, weil sich neun Staubgefäße zu Pistillen umgestaltet hatten. In noch andern Fällen sieht man auch ganz neue Blattkreise in die Blüthe einrücken. So trifft man z. B. die in Gärten häufig cultivirte Campanula Medium gar nicht selten mit doppelter, ja mit drei- und vierfacher Blumenkrone und in ihrer Mitte gleichwohl noch die unveränderten fünf Staubgefäße. In diesem Falle kann mithin die Füllung, d. i. die Verdoppelung oder Verviel-

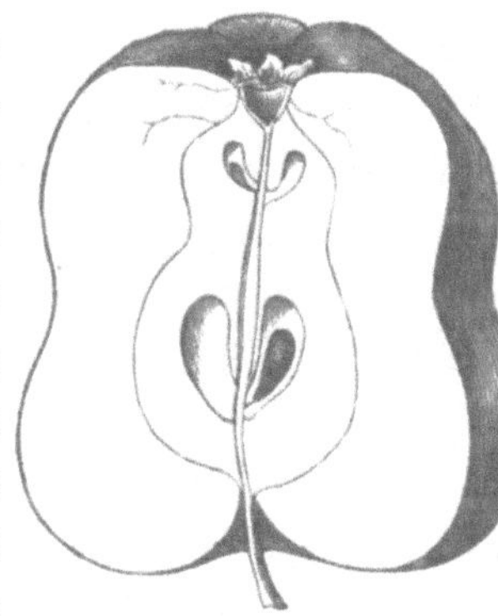

Fig. 24.

fachung der Blumenkrone nicht aus einer rückschreitenden Verwandlung der Staubgefäße in Blumenblätter entstanden sein, sondern im Gegentheil dadurch, daß mehr Blattkreise oder Blattwirtel aus der Reihe der Laubblätter in die Reihe der Blüthenblätter eintraten. Hierher gehört auch die oft vorkommende verdoppelte Zahl der Staubgefäße. So variiren z. B. viele Alsineen mit fünf und zehn Staubgefäßen, namentlich die Alsine media, von welcher die Form mit 10 Staubgefäßen auch als Alsine neglecta von Weihe beschrieben wurde.

Eine wiederum verschiedene Art der Füllung liefern die sogenannten vollen oder doppelten Primel oder Himmelschlüssel (Fig. 25.), welche sich oft in unsern Gärten finden. Hier sieht man aus einer Blumenkrone eine zweite hervorragen, doch fehlt dafür die Kelchröhre, und es ist mithin die untere oder äußere Blumenkrone nichts anderes, als der Kelch, nur höher organisirt, oder, mit andern Worten, auf die nächst höhere Stufe, d. i. auf die Stufe der Blumenblätter, emporgerückt.

Fig 25.

Aus den wenigen eben dargelegten Beispielen von Organisationsstörungen geht doch schon so viel hervor, daß dieselben nach zwei verschiedenen Richtungen hin erfolgen, je nachdem die einzelnen Organe auf eine niedrigere (z. B. Staubgefäße zu Blumenblättern), oder auf eine höhere Stufe (z. B. Staubgefäße zu Pistillen) umgeformt werden. Unser großer nationaler Dichter Göthe war der Erste, welcher dergleichen Umgestaltungen näher ins Auge faßte und daraus den Schluß zog, daß diese Umgestaltung in der Pflanzenwelt überhaupt die Verschiedenheit der Blattgebilde veranlasse, d. h. daß die verschiedenen Blattgebilde nicht principiell verschiedene Organe, sondern nur höher oder niedriger organisirte Blätter seien, natürlich befähigt, ausnahmsweise auch auf andere Stufen zu treten, sowohl auf tiefere, wie auf höhere. Dergleichen Umgestaltungen oder Zurückführungen auf tiefere Stufen nannte er die rückschreitende Metamorphose, Steigerungen der Entwicklung aber, oder das Hinauftreten von Blattgebilden auf höhere Organisationsstufen, die vorschreitende Metamorphose.

Wer nach dergleichen Abweichungen sucht, wird nicht lange zu suchen haben, um Beispiele der mannichfachsten Art aufzufinden, und könnte sich schon für sie allein eine recht umfangreiche Sammlung anlegen, wenn es ihm nicht zweckmäßiger erscheinen sollte, die betreffenden Exemplare den normal gebildeten Pflanzen seines Herbars beizulegen, dessen Formenkreis ja möglichst allseitig im Herbarium vertreten sein soll.

Zehntes Kapitel.

Von den Durchwachsungen, Prolificationen nnd Polycladien.

Auch dieses Kapitel wird den Lesern wieder gar vielfachen Nachweis geben, wie mannichfach der Formenwechsel in der Pflanzenwelt ist und wie vielseitig der Botaniker auf seinen Spaziergängen oder botanischen Excursionen sein Auge schweifen lassen muß, wenn er irgend zu einer genauen Kenntniß der pflanzlichen Entwickelungsformen gelangen will. Davon aber werden meine Leser bereits hinlänglich überzeugt sein, daß die bloße Namenkenntniß der einzelnen Pflanzen nicht den Botaniker macht, daß dieselbe zwar unumgänglich erforderlich, keineswegs aber die Hauptsache, noch weniger allein dauernd interessant ist.

Schon im vorigen Kapitel wurde der Umstand erwähnt, daß sich die Pistille bis zu gewöhnlichen Laubblättern umgestalten können. Das Organ aber, welches überhaupt Blattgebilde hervorbringt oder trägt, kann nur ein Axenorgan sein. Ein Axenorgan ist mithin auch der Fruchtboden, welcher die Blüthe im Allgemeinen, aber auch speciell die Pistille trägt. Verwandelt sich nun die Terminalknospe dieses Axenorgans in eine normale Blüthe, so ist das weitere Wachsthum dieses Axenorgans als abgeschlossen zu betrachten; wird die Blüthe dagegen nur in Bezug auf ihre unteren Kreise (die Kelch-, Blumen- und Staubblätter oder Staubgefäße) entwickelt, der oberste Kreis aber (die Pistille) bleibt so weit unausgebildet, daß er in Gestalt von Laubblättern auftritt, so fällt auch der Grund weg, welcher die Terminalknospe an ihrer ferneren Längenvermehrung des Axenorganes hindert, d. h. es besitzt dann die Terminalknospe die Bäfähigung, das Axenorgan über die Blüthe hinaus sich verlängern zu lassen. In der That findet sich dieser Fall sehr häufig bei der sogenannten Rosenkönigin. Unter dieser Bezeichnung versteht man diejenigen, meist auf recht nassem Boden stehenden Rosen, deren Pistille sich zu Laubblättern umgewandelt haben. Gewöhnlich bleibt in diesem Falle das fernere Axenwachsthum unterbrochen, wie bei normal gebildeten Rosen; allein es kommen auch zahlreiche Fälle vor, wo die aus der Mitte der Rose hervorragenden Laubblätter auf entwickelten Axengliedern (Internodien) stehen, welche in Gestalt eines Zweiges weiter aus ihr hervorwachsen (Fig. 26.), der auch wohl seine Terminalknospe noch ein zweites Mal zur Blüthe umformt, die dann wiederum durchwachsen zu sein pflegt.

Fig. 26.

Sehr interessante Beispiele von Durchwachsungen hat man zu wiederholten Malen auch an Birnen beobachtet. So fand z. B. Charles Bonnet in Genf eine Birne, aus welcher ein kurzer Zweig mit normalen Laubblättern hervorwuchs (Fig. 27.). Aehnliches beobachtete auch Duhamel im Karthäusergarten zu Paris. Daselbst fand er Birnen, aus denen entweder ebenfalls ein Zweig oder eine Blüthe hervorwuchs. Einige dieser Blüthen wurden befruchtet und dadurch doppelte Birnen von sehr abenteuerlichem Aussehen gewonnen. Zahlreiche doppelte Birnen wurden einst der Academie der Wissenschaften in Paris vorgelegt, von denen namentlich eine auffällig gestaltet war. Sie hatte das Aussehen, als wollte die eine Birne eine zweite gebären und zwar durch ihren Kopf, welcher sich öffnete und erweiterte, scheinbar um die neue Frucht austreten zu lassen. Die hervortretende zweite Birne ließ aus ihrer Spitze einen mit mehren Blättern besetzten Zweig hervorwachsen. Dieser Zwilling wurde seiner Länge nach durchschnitten und zeigte natürlich kein Kernhaus. Das Fleisch war durchgängig gleichmäßig und nur die holzigen Fasern des Stieles durchdrangen dasselbe in gerader Linie und liefen in den Zweig aus.

Auf ähnliche Weise fand man auch durchwachsene Zapfen von Larix europaea.

Fig. 27.

Fig. 28.

Wenn wir dergleichen Durchwachsungen bei den Birnen finden, so ist dies weniger auffällig, denn hier entstehen die Durchwachsungen, wie in andern Fällen, dadurch, daß die Terminalknospe nicht die Bildung eines Samenträgers einging, wodurch natürlich in diesem Falle keine Frucht entstehen konnte. Das, was wir Birne nennen, ist nämlich nicht die Frucht, sondern bloß der fleischig gewordene Kelch. Die eigentliche Frucht der Birne ist das Kernhaus, was bei durchwachsenen Birnen nicht vorhanden sein kann. Auffälliger aber ist es, auch echte Früchte auf gleiche Weise durchwachsen zu finden. So berichtet z. B. Durande, daß er aus dem Scheitel einer ziemlich dicken Weinbeere eine kleinere Beere und aus dieser wiederum einen einblättrigen Zweig habe hervorwachsen sehen.

Schimper fand in einer reifen, ziemlich großen, sonst aber ganz normal beschaffenen Mohnkapsel auf einem aus dem Grunde sich erhebenden dicken Stiele eine Menge schön geranderter, offener Carpellarblätter mit zahlreichen Ei'chen auf den Samenböden.

Fig. 29.

Am häufigsten, ja bisweilen regelmäßig, finden sich Durchwachsungen an den männlichen Stengeln von Polytrichum commune (Fig. 28.), jenes allbekannten Mooses, bei dem sie sich sogar vielfach an einem und demselben Stengel zu wiederholen pflegen.

Von den Durchwachsungen verschieden sind die Prolificationen oder Sprossungen. Eine der zierlichsten wurde in Fig. 29. gezeichnet: es ist ein Gänseblümchen (oder Masliebe, Bellis perennis), aus dessen Blüthenköpfchen mehre kleinere Köpfchen hervorgewachsen sind, und gleichwohl ist die Ursache zu den Prolificationen eine ganz andere, als bei den Durchwachsungen.

Das Köpfchen der Masliebe wird unterhalb umgeben von einem Kranze grüner Blättchen (Hüllblättchen), welche, wie alle in die Blüthenkreise eingerückten Blätter, in der Regel keine Knospen (Axillarknospen) in ihren Achseln entwickeln. Tritt aber nun gleichwohl bei dichtstehenden Blüthen, namentlich bei Compositen und Umbelliferen, eine solche Axillarknospenbildung ein, so entstehen aus ihnen jene Prolificationen, welche entweder, wie in Figur 29, wieder Blüthen sind, oder Zweige werden können, je nachdem sich die Terminalknospe des neuen

Sprosses zu einer Blüthe umformt oder nicht; die lauberzeugenden Sprossungen sind selten, die blüthenerzeugenden weniger selten, pflegen aber in der Regel mit Verkrüppelung der sprossentreibenden Blüthe verbunden zu sein, oder es sind die aus den Sprossungen hervorgegangenen Blüthen verkümmert, oder wenigstens wesentlich kleiner, als die normal gebildeten. Bei den Compositen entstehen die Prolificationen zwar in der Regel aus den Achseln der Hüllblätter (bei Cladanthus arabicus sind diese Wucherungen sogar normal), bisweilen jedoch auch in den Achseln der Spreublättchen.

Eine eigene Erscheinung sind ferner die Polycladien, die Donner- oder Hexenbesen der Forstleute, auch Kollerbüsche genannt. Es sind dies große Bündel von meist dünnen und durcheinander verschlungenen blattlosen oder beblätterten Zweigen unserer Laub- und Nadelhölzer, als Birken, Buchen, Ulmen, Weiden, Fichten, Kiefern u. s. w. Außerdem sind die Zweige dieser Kollerbüsche gewöhnlich seilartig um ihre eigene Axe gedreht.

Dergleichen Zweigwucherungen verdanken ihr Entstehen in der Regel der Umwandlung

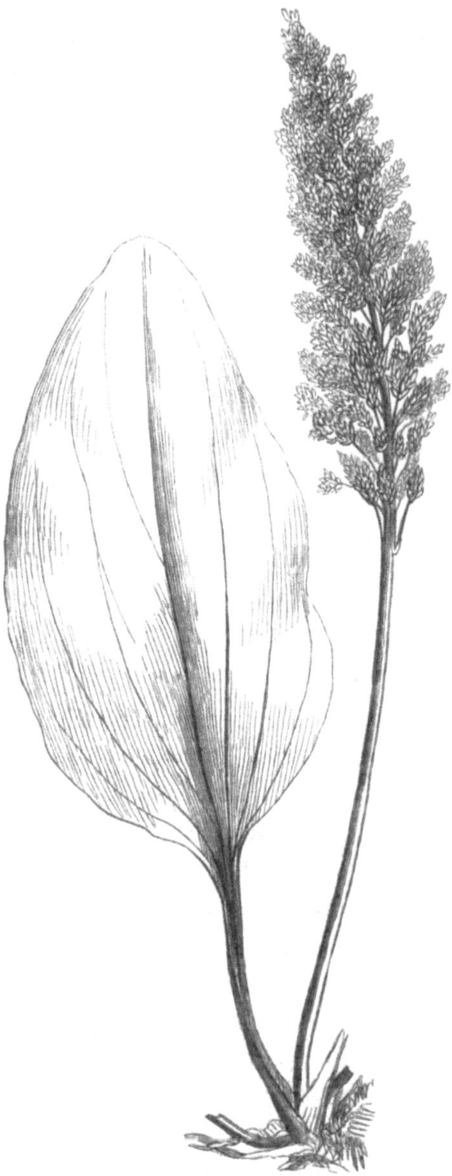

Fig. 50.

von Blüthenknospen in Laubknospen und finden sich namentlich an den Gewächsen, welche in Kätzchen blühen. Wenn sich hier alle die einzelnen Blüthen eines Kätzchens in Laubknospen umwandeln, so geht, wenn aus einer jeden ein Zweig entsteht, aus einem einzigen Kätzchen ein solcher Kollerbusch hervor, den Linné mit einem Wirr- oder Weichselzopfe verglich.

Hierher gehört auch eine seltsame Abnormität von Plantago major, (Fig. 30.), welche ich in manchen Jahren sehr zahlreich auf Wegen antraf. Auch hier haben sich sämmtliche Blüthenknospen in Laubknospen verwandelt und einen oft auf dieselbe Weise wiederum verzweigten Ast getrieben, der an seiner Spitze eine kleine, aber völlig degenerirte Blüthenähre trägt.

Elftes Kapitel.

Von den Verbänderungen oder Fasciationen.

Außerordentlich häufig wird jenes scharfblickende Auge des Naturforschers, was dieses Schriftchen so gern wecken möchte, die mehr oder weniger seltsamen Verbänderungen oder Fasciationen finden, die sich an einjährigen, wie an mehrjährigen Pflanzen, sowie an Sträuchern und Bäumen entwickeln. Diese Verbänderungen der Axengebilde (Stengel oder Zweige) gehen aus dem seltsamen, bisher noch unerklärten Streben hervor, die stielrunde Gestalt mit der flächenförmigen, ja man könnte sagen mit der blattförmigen, zu vertauschen. Anfänglich bemerkt man an den später verbänderten Stengeln oder Zweigen nur eine ganz geringe Abweichung von der stielrunden Form, welche sich erst später abplattet und dabei gewöhnlich der Länge nach gestreift oder gerillt wird. Diese Verbreiterung selbst ist sehr schwankend in ihren Dimensionen, da sie zuweilen nur so gering erscheint, daß sie selbst vom schärfsten Auge nur zufällig aufgefunden wird, während andere Verbänderungen die Dimensionen des Axenorganes so gewaltig verändern, daß sie schon aus weiter Ferne ins Auge fallen. Die breiteste Verbänderung fand ich an Matricaria Chamomilla auf einem Felde, was fast lauter verkrüppelte Pflanzen dieser Art trug, und zwar bald seltsam proliferirende, bald solche, bei denen die weißen Strahlblüthchen geschwunden waren, bald wiederum andere, bei denen umgekehrt die Mehrzahl der kleinen Scheibenblüthen die Gestalt der großen weißen Randblüthen angenommen hatten, bald solche, bei denen die Stengel verbändert waren. Nicht selten traten auch an einer einzigen Pflanze zwei dieser Umformungen gleichzeitig auf. Das auffälligste unter allen diesen unzähligen monströsen Exemplaren war aber eines, dessen Stengel an seiner Spitze eine Breite von fünf Zollen erreicht hatte. Derselbe war völlig unverzweigt geblieben und es begann seine Verbänderung schon von Grund auf, nach oben hin allmählich breiter werdend. Die Stärke dieses Bandes aber betrug ungefähr nur zwei Linien.

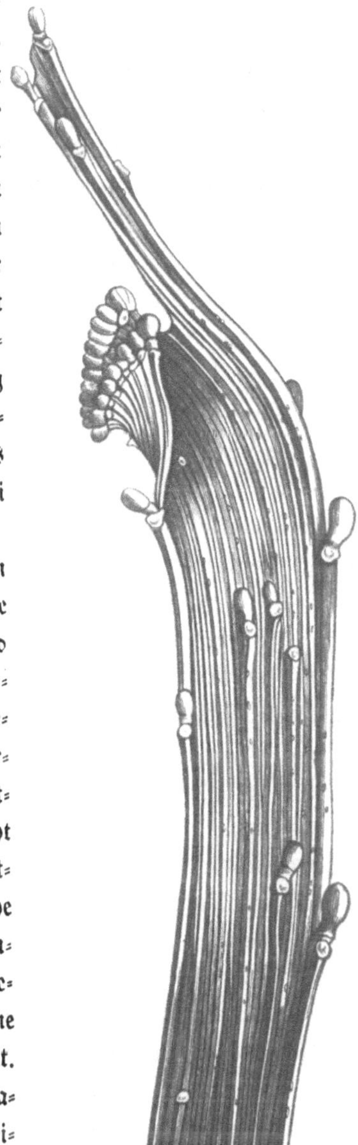

Fig. 31.

Je mehr dergleichen Verbänderungen an Breite zunehmen, desto mehr weichen die Streifen oder Längsrinnen auseinander und treten wohl auch an dem oberen, oft hahnenkammförmigen Ende in kleine, mehr oder weniger gesonderte Zweige aus, welche wiederum bandartig sind und in einer Ebene entspringen. Läuft aber das obere Ende nicht in Zweige aus, so pflegt es dicht mit Blättern oder Knospen besetzt zu sein. Eine solche von Laubknospen am obern hahnenkammförmigen Ende gedrängt besetzte Verbänderung zeichnete ich in Figur 31, welche eine Verbänderung eines Erlenzweiges darstellt. Ihr oberer Rand hat sich zusammengeschlagen. Ein kleiner Theil der Flächenausbreitung hat an der Hahnenkammbildung nicht Theil genommen, sondern überragt dieselbe als kurzer, aber auch noch verbänderter Zweig.

Eigenthümlich ist noch, daß bei dergleichen Verbänderungen alle Gesetzmäßigkeit in der Anordnung der Blätter und Knospen zu schwinden pflegt. Letztere stehen, ohne irgend einem Gesetze zu folgen, unregelmäßig zerstreut auf beiden Seiten und den Rändern des monströsen Stengels, bald einzeln und in ziemlichen Entfernungen, bald wieder einige dicht neben einander. Nur in sehr seltenen Fällen wurde noch eine Regelmäßigkeit in der Anordnung gefunden. So fand z. B. A. de Jussieu an einer Verbänderung von Bupleurum falcatum die Blattspirale aufgelöst in ganz regelmäßige Wirtel von fünf, sechs, sieben und acht Blättern, aus deren Achseln je ein blüthentragender Ast hervorwuchs.

Eine der gewöhnlichsten Verbänderungen liefert der sogenannte Hahnenkamm unserer Gärten, die bekannte Celosia cristata, bei welcher sie so häufig ist, daß man sich bereits gewöhnt hat zu glauben, diese monströse Form sei die natürliche.

Daß die auf physiologischen Ursachen beruhende Umwandlung der Staubfäden in Blumenblätter nicht ebenfalls in die Reihe der Verbänderungen zu ziehen ist, dürfte aus dem im neunten Kapitel darüber Gesagten deutlich genug hervorgehen. Sie ist vielmehr die Ueberführung eines Organes in ein anderes.

Eine andere Frage ist aber die, ob die Fasciationen wirklich durch Uebergehen der stielrunden Gestalt in die flächenförmige entstehen, oder ob sie etwa als Verwachsungen mehrer Stengel oder Zweige zu betrachten sein dürften. Hierauf ist zu antworten, daß in letzterem Falle die einzelnen verwachsenen Zweige ihre besondere Markröhre haben müßten, während die Verbänderungen nur eine einzige, in der Regel über die ganze Breite sich erstreckende Markröhre besitzen. Außerdem würden aber, wie es bei wirklichen Verwachsungen sehr oft vorkommt, unvollkommene Verwachsungen mit den vollkommenen Verwachsungen wechseln, allein auf jenem Felde (S. 50), auf welchem ich so zahllose Verbänderungen der Matricaria Chamomilla beobachtete, war, trotz zahlreicher anderer Verkrüppelungen, dennoch nicht eine einzige unvollständige Verwachsung darunter aufzufinden, d. h. eine solche, bei welcher zwei Zweige nur mit ihren Rändern verwachsen gewesen wären, sodaß mithin auf der Mitte, d. i. auf der Verwachsungsstelle, eine tiefere Furche geblieben wäre. Es zeigten vielmehr sämmtliche derartig degenerirte Stengel von den verschiedensten Breiten auf dem Durchschnitte stets die längliche oder lineale Rundung ohne irgend eine Einschnürung.

Wären die Verbänderungen aber wirklich aus der Verwachsung mehrer Achsen hervorgegangen, so würde nicht einzusehen sein, wie die nach verschiedenen Richtungen ausgehenden Zweige in einer Ebene hätten verwachsen können.

Endlich ist zu erwähnen, daß die flächenförmige Ausbreitung der Axenorgane keineswegs bloß in diesen abnormen Formen auftritt, sondern daß sie bei gar vielen Pflanzen die normale ist, wie z. B. bei vielen Cacteen. Wenn sich aber die Flächenausbreitung bei vielen Pflanzen normal findet, so darf man sich nicht wundern, daß andere Pflanzen wenigstens die Anlage besitzen, in Ausnahmefällen die stielrunde Form der Achsenorgane in die flächenförmige übergehen zu lassen.

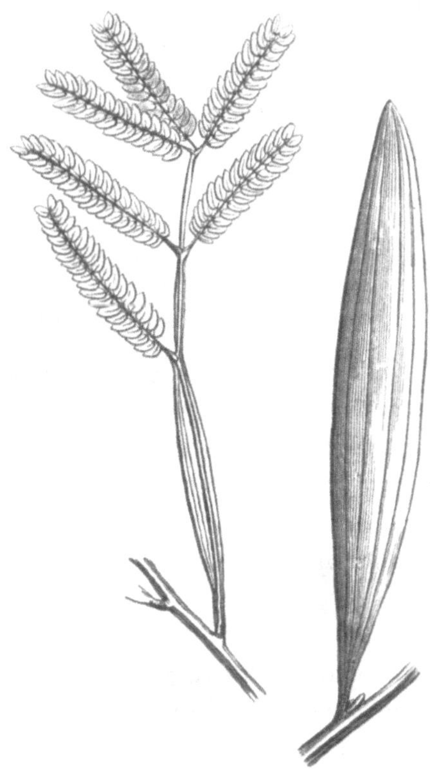

Fig. 32. Fig. 33.

Daß die Verbänderungen in vielen Fällen unverzweigt bleiben, wenn auch die normal gestaltete Pflanze vielfach verzweigt zu sein pflegt, ist einfach daraus zu erklären, daß die verbänderte Pflanze mehr Nahrungsstoff aufbraucht, als die unverbänderte, und mithin keinen auf die Zweigbildung zu verwenden hat. Andererseits ist jedoch schon zugestanden worden, daß auch Verbänderungen gefunden wurden, welche aus ihren Blattachseln Zweige trieben.

Eine Verbänderung aus dem Gebiete der Blattgebilde findet sich sehr häufig bei den echten Acacien (Acacia). Dieselben haben bekanntlich in der Jugend sämmtlich gefiederte Blätter, und manche Arten behalten dieselben auch im Alter, andere aber lassen später ihre Blattstiele eine Verbänderung eingehen, sodaß sie nun die Gestalt eines lanzettlichen oder linealen Blattes erhalten, und mit dieser Umänderung pflegt dann jede wirkliche Blattbildung unterdrückt zu werden und die Pflanzen tragen nun bloß noch ihre blattähnlichen Blattstiele, welche auch die Function der wirklichen Blätter übernehmen, d. h. den Athmungsproceß vermitteln. Figur 32 zeigt ein Blatt der Acacia longifolia, bei welcher der Blattstiel bereits begonnen hat, sich zur Blattgestalt umzugestalten, und die Blattbildung hat, im Verhältniß zur normalen Blattbildung, bereits abgenommen; Figur 33 aber zeigt einen bereits völlig umgestalteten Blattstiel derselben Pflanze, an welchem nun alle Blattbildung unterdrückt ist. An der genannten Acacie findet man ziemlich oft auch noch im Alter beide Bildungen gleichzeitig, während andere Arten im Alter regelmäßig nur noch Phyllodien (blattartige Blattstiele) tragen.

Zwölftes Kapitel.

Von den Verwachsungen.

Die Verwachsungen erfolgen auf die verschiedenste Art und Weise; die einfachste Verwachsung ist die, welche ich eine mechanische nennen möchte, und die sich am häufigsten bei Bäumen findet, welche nahe beisammen stehen und bei fortschreitendem Wachsthume in die Stärke endlich an einander anstoßen. In Folge der dadurch entstehenden Quetschung kann sich natürlich an den Berührungsflächen kein neuer Holzstoff ablagern und der neu zu bildende Jahresring wird an beiden Stämmen an der Berührungsfläche unterbrochen, diese selbst aber von Jahr zu Jahr eine größere, bis endlich in wenigen Jahren die beiden Jahresringe in einen einzigen verschmelzen, welcher aber in der Mitte eine starke Einschnürung in der Form einer 8 zeigt. Diese Einschnürung wird im Verlaufe der Jahre immer mehr und mehr ausgeglichen, weil sich gerade an dieser Stelle die stärkste Holzablagerung einstellt, bis die Einschnürung endlich ganz aufgehoben ist und die Durchschnittsgestalt der beiden verwachsenen Stämme eine längliche Rundung bildet, natürlich von zwei gesonderten Markröhren durchdrungen. Die Verwachsung schreitet nun von unten nach oben langsam vorwärts, und während der Stamm unten ein einziger zu sein scheint, theilt er sich oben in zwei Stämme, welche nur durch den sehr spitzen Winkel, in welchem sie von einander abstehen, von zwei Hauptästen zu unterscheiden sind, in welche man glauben könnte, daß sich der Stamm getheilt habe. Dergleichen rein mechanische Verwachsungen finden sich am häufigsten bei Bäumen, seltener bei Sträuchern und noch seltener bei Stauden (z. B. an kräftigen und starken Spargeltrieben), und bei den Bäumen sind es wieder die Laubhölzer, bei denen sie häufiger vorkommen, als bei den Nadelhölzern. Die Leser dürften wohl kaum einen Laubwald, welcher zahlreiche alte Ulmen enthält, lange zu durchwandern haben, ohne Beispiele von dergleichen Verwachsungen zu finden.

Berühmt ist „der Baum der vier Haymonskinder", zwischen Omont und Louvergny in den Ardennen. Es sind dies vier ungeheuere Eichstämme, welche etwa 9 Fuß lang mit einander verwachsen sind und nun eine einzige riesige Eiche zu bilden scheinen. Von hier aus erheben sie sich als vier wenig von einander tretende Aeste zu gleicher Höhe. Der Umfang dieses Riesenstammes beträgt in Manneshöhe gegen 20 pariser Fuß.

Häufig finden sich ferner Verwachsungen bei Früchten, namentlich bei Aepfeln. Auch von ihnen findet man in obstreichen Jahren nicht selten sogenannte Zwillingsäpfel, welche an ihrem untern Theile innig mit einander verschmolzen sind, nach oben aber sich wieder zu trennen pflegen. Ein Querschnitt durch ein solches Zwillingspaar zeigt ein doppeltes, nicht verwachsenes Kernhaus, woraus hervorgeht, daß die Aepfel in ihrer frühesten Jugend, d. i. also im Knospen- und Blüthenzustande, noch unverwachsen und selbstständig ausgebildet waren.

Bei dergleichen mechanischen Verwachsungen zweier Früchte wird, sobald sie vom Blüthenstiele aus erfolgen, die Längsachse der beiden Früchte mehr oder weniger divergiren, und zwar auf so verschiedene Weise, daß der Divergenzwinkel bald ein spitzer, bald ein rechter, bald ein stumpfer, ja sogar gleich zwei rechten ist; im letzten Falle wird der gemeinschaftliche Stiel versteckt, die beiden Spitzen liegen in größtmöglicher Entfernung von einander und die beiden Längsachsen fallen in eine Linie.

Es finden sich aber auch Verwachsungen von Früchten, welche nicht vom Blüthenstiele aus erfolgen; in diesem Falle pflegen die beiden Längsachsen zu convergiren. Interessante Beispiele wurden auch von solchen Verwachsungen gefunden. In einzelnen Fällen war nach erfolgter Verwachsung die eine Frucht von ihrem Stiele getrennt worden; dann hatte die andere Frucht die Ernährung der abgetrennten mit übernommen.

Diesen mechanischen Verwachsungen gegenüber stehen solche Verwachsungen, welche ich physiologische nennen möchte. Hier ist die Verwachsung eine innigere, so zu sagen eine innere. Sie finden sich z. B. ziemlich häufig bei der gemeinen ungarischen Pflaume (Prunus domestica), welche nicht selten Früchte trägt, denen man theils an ihrer Größe, theils an ihrer Gestalt ebenfalls das Zwillingspaar ansieht; ihre Verwachsung aber erstreckt sich bis zur Spitze, und in der Mitte findet man nicht zwei Kerne, sondern nur einen, jedoch wesentlich größeren. Hier scheint die Verwachsung schon im Knospenzustande erfolgt zu sein. Andererseits finden sich aber auch verwachsene Pflaumen, deren Kerne nur zu einem kleinen Theile mit einander verwachsen sind.

Beispiele von noch innigeren Verwachsungen lieferten bisweilen die Birnen. Bei ihnen war die Verwachsung so weit vorgeschritten, daß sich die den einzelnen Birnen angehörigen Theile entweder vollständig, oder wenigstens zum größeren Theile derartig mit einander vereinigt hatten, daß sie nicht mehr in zwei, sondern in einen einzigen Kreis angeordnet waren. Statt, wie es gewöhnlich bei verwachsenen Aepfeln der Fall zu sein pflegt, in der Mitte zwei gesonderte Kerngehäuse zu finden, erblickte man bei ihnen nur ein einziges, welches aber nicht mehr fünfstrahlig oder fünffächrig war, wie bei den einfachen Birnen, sondern zehnfächrig, wenn nicht etwa bei der Verwachsung, was ebenfalls oft geschieht, das eine oder das andere Fach absorbirt wurde. Die Fächerzahl eines solchen Kerngehäuses kann demnach recht wohl in allen den Zahlen wechseln, welche zwischen fünf und zehn in der Mitte liegen.

Auch bei Haselnüssen, Mandeln und andern Früchten kommen dergleichen innige Verwachsungen häufig vor und sind gewiß von allen Lesern schon wiederholt beobachtet worden, wenn es sich auch fragt, ob gleichzeitig auch die verschiedenen Normen beachtet wurden, unter denen die verschiedenen Verwachsungen auftraten, während doch gerade in der Beachtung dieser wechselnden Verhältnisse ein so hohes Interesse liegt. Wie eigenthümlich ist es z. B., daß die Aepfel nach andern Gesetzen zu verwachsen pflegen, als die ihnen so nahe verwandten Birnen, und wiederum ist es sicherlich nicht ohne Interesse darauf zu achten, wie oft etwa auch die entgegengesetzte Verwachsungsweise bei den Birnen u. s. w vorkommt. Es lohnt sich daher recht wohl der Mühe, die einzelnen Verwachsungen zu sammeln und aufzubewahren, und zwar, wo es geht, im Herbarium, wo dies nicht geht, in Spiritus oder an freier Luft, sei es nun ganz, oder nur theilweise, vielleicht in Durchschnittsflächen.

Da es aber schwer, oder unmöglich sein würde, bei etwa wünschenswerthen Vergleichungen die einzelnen, im Herbarium zerstreut liegenden Beispiele zusammen zu bringen, so dürfte es bei diesen, wie bei allen andern Abnormitäten, gewiß recht vortheilhaft sein, eine vom allgemeinen Herbarium gesonderte Abnormitätensammlung anzulegen, welche nach meiner Ueberzeugung eine der interessantesten und lehrreichsten Sammlungen bilden würde.

Interessant und belehrend würde es ferner sein, an blühenden Apfel- und Birnbäumen nach Blüthen zu suchen, welche etwa schon eine Verwachsung eingegangen sind, um Beobachtungen über die fortschreitende Verwachsung anzustellen. Jedenfalls zeigen die Birnblüthen, aus denen die oben beschriebenen verwachsenen Früchte hervorgehen, schon jene innige Verschmelzung ihrer einzelnen Blüthentheile, wie sie in der That bei sehr verschiedenen Pflanzen schon gefunden wurden; ich meine sie werden eine einzige große Blüthe darstellen, welche aber nicht fünf, sondern zehn Blumenblätter zeigen wird, und die zahlreichen Staubgefäße werden ebenfalls in einen einzigen Kreis angeordnet erscheinen u. s. w. Ist man so glücklich, dergleichen irgend wie verwachsene Blüthen zu entdecken, so würde man zunächst dafür Sorge zu tragen haben, daß dieselben vor dem Abfallen geschützt werden. Mit großer Wahrscheinlichkeit erzielt man dies dadurch, daß man alle übrigen Blüthen dieses Astes oder Zweiges entfernt, denn alle Blüthen kann der Baum unmöglich zur Frucht reifen und muß deshalb die Mehrzahl abwerfen. Thun wir dies auf künstliche Weise, so dürfen wir wohl erwarten, daß dann die eine von uns übrig gelassene Blüthe erhalten werde.

Häufig finden sich dergleichen innige Verwachsungen bei dichtstehenden Blüthen, z. B. bei Syringa, Sambucus, Digitalis, Chenopodium, Gagea (sehr häufig bei G. lutea) u. s. w. und in der Regel sind dann die einzelnen Glieder der verwachsenen Blume je in doppelter Zahl vertreten, seltener verschwinden einzelne Glieder, und zwar wiederum in den verschiedenen Blüthenkreisen in gleicher oder ungleicher Zahl. So wurde z. B. am gemeinen Lilak (Syringa vulgaris) eine aus der Verwachsung von drei Blüthen entstandene Blüthe beobachtet, welche einen 11zähnigen Kelch, eine 11zipflige Blumenkrone, 6 Staubgefäße und 3 Pistille zeigte.

Was die Veranlassung zu diesen Verwachsungen sei, läßt sich nicht angeben. Der Umstand, daß sie sich am häufigsten bei dichtstehenden Blüthen finden, läßt muthmaßen, daß sie der gegenseitige Druck hervorbringe; da sie jedoch auch bei nicht dicht gestellten Blüthen auftreten, andererseits aber gerade bei den ganz dicht stehenden Blüthchen der Compositen entweder gar nicht, oder doch wenigstens nur höchst selten angetroffen werden, so kann der Druck jedenfalls nicht die einzige Veranlassung dazu sein. Auch wird dies dadurch bestetigt, daß man Aepfel, Kirschen u. s. w. findet, deren beide Stiele mit einander vollständig verwachsen sind, während die Früchte gar nicht, oder nur ganz unbedeutend am Rande verwuchsen, obgleich dieselben selbstverständlich mit einander in der innigsten Berührung stehen mußten. Man ersieht vielmehr daraus nur soviel, daß die Natur, sobald sie die Regel verläßt, nach allen Richtungen hin variiren kann.

Die Verwachsungen in der Pflanzenwelt, namentlich die mechanischen, sind aber weit mannnichfacher und vielseitiger, als es in diesem Kapitel angegeben werden konnte. Allein es handelte sich hier nicht darum, alle denkbaren Arten von Verwachsungen aufzuführen, sondern lediglich darum, den Leser überhaupt auf die Verwachsungen aufmerksam zu machen, und es steht zu erwarten, daß sein Auge nun auch die Fälle bemerken werde, in denen vielleicht ein Kelchblatt mit dem Rücken des hinter ihm stehenden Blumenblattes, ein Nebenblatt mit dem neben ihm stehenden Blattstiele verwachsen ist, u. s. w.

Dreizehntes Kapitel.

Von den Trennungen.

Den Gegensatz zu den Verwachsungen liefern die Trennungen. Dieselben lassen sich wiederum von einer doppelten Seite her betrachten, insofern sie entweder Trennungen von normal einfachen, oder von normal verwachsenen Gebilden sind. Die ersteren sind die seltener, die letzteren die häufiger vorkommenden Fälle.

Zu ersteren gehören zunächst die interessanten Fälle, welche durch eine Längstheilung der Terminalknospe entstehen. Wenn sich ein junges Bäumchen zum ersten Male verzweigt, so erfolgt diese Verzweigung einfach dadurch, daß in einer oder mehren Blattachseln Axillarknospen entwickelt wurden, welche zu Aesten auswuchsen. Diese Fälle von Verzweigungen sind normal, und keineswegs mit einer Trennung zu verwechseln, denn die Terminalknospe blieb hier ungetheilt, und liefert bei fortgesetztem Wachsthume nach wie vor eine einfache, ungetheilte Axe. Anders ist der Fall aber, wenn sich bei einer in der Regel einfachen Axe die Terminalknospe der Länge nach theilt und dadurch zu einer doppelten Terminalknospe umgestaltet. In diesem Falle theilt sich von hier an die Axe gabelförmig, ohne daß der eine oder der andere junge Trieb als Ast zu bezeichnen wäre, sie sind vielmehr beide gleich berechtigt und beide als primäre oder Hauptaxen anzusehen. Eine solche noch dazu wiederholte terminale Spaltung beobachtete z. B. Milde an Equisetum sylvaticum (Figur 34.). Bei geringer Aufmerksamkeit können dergleichen Spaltungen leicht für Verwachsungen gehalten werden, d. h. man könnte z. B. im vorliegenden Falle meinen, es rühre der in Figur 34 gezeichnete Fall von der Verwachsung zweier Stengel her, doch ein prüfender Blick auf die unterhalb der Theilungsstelle befindlichen Theile lehrt alsbald, daß dieselben nicht im entferntesten die Andeutung einer doppelten Axe geben. In den beiden Fruchtähren des erwähnten Schachtelhalmes wiederholt sich diese Gabelspaltung. Nicht allzuselten finden sich solche Gipfelspaltungen bei Grasähren z. B. bei Alopecurus pratensis (Fig. 35.), Secale cereale, Triticum u. s. w. Männliche Kätzchen von Salix fragilis fand ich einst fast sämmtlich gabelspaltig, ja einige sogar dreispaltig, doch konnte ich im letzteren Falle nicht genau unterscheiden, ob die Terminalknospe hier zu einer dreifachen Terminalknospe umgewandelt, oder ob sie nur einfach gespalten, eine der zwei neuen Terminalknospen dagegen unmittelbar über der Theilungsstelle abermals getheilt worden war, was wohl die richtigere Annahme sein dürfte. Bei einer Varietät von Triticum turgidum wiederholen sich diese Theilungen in jeder Aehre wiederholt, so daß diese Aehren vielfach verästelt erscheinen und den sogenannten Wunderweizen (Triticum

Fig. 34

turgidum var. compositum) darstellen, und das ist einer von den Fällen, wo sich solche Spielereien der Natur sogar durch Samen fortpflanzen.

Aehnliche Theilungen finden sich auch in Blattgebilden. So wurden z. B. getheilte Staubgefäße gefunden, von denen jede Hälfte die ihr zukommende Antherenhälfte trug. Auch einzelne Blumenblätter wurden beobachtet, welche ihrer ganzen Länge nach gespalten waren; beide Hälften nahmen aber innerhalb der Blumenkrone genau nur den Platz ein, welcher dem einfachen, d. i. dem ungetheilten Blatte zugekommen wäre.

Fig. 35.

Am häufigsten läßt sich eine solche Theilung auffinden an dem Endblättchen des gefiederten Blattes von Robinia Pseudacacia. Dasselbe findet sich zuweilen zum Viertel, zum Drittel, auch bis zur Hälfte gespalten und zeigt sonach das Bestreben des Blattes, sich aus einem unpaarig gefiederten in ein paarig gefiedertes umzuformen.

Gewissermaßen gehören hierher auch die vier- und mehrblättrigen Kleeblätter. Dieselben sind zwar nicht durch Spaltung einzelner Blättchen entstanden, wohl aber dadurch, daß sich die Gefäßbündel des Blattstieles nicht, wie gewöhnlich, in drei, sondern in vier oder mehr Zweige vertheilt haben, welche sich dann gleichmäßig verzweigten und mit Blattparenchym umgaben.

Aehnlich ist auch das Uebergehen ganzrandiger Blätter oder Blättchen in geschlitzte, was z. B. an den Perianthialblättern der Pulsatilla vulgaris (Fig. 36.), an den Blumenblättern mancher Nelken, von Papaver somniferum u. s. w., so wie auch an den Laubblättern von Sambucus nigra, Pimpinella magna und Pimp. Saxifraga und andern Pflanzen häufig beobachtet werden kann. Dergleichen Zerschlitzungen sind eigentlich nicht Theilungen, wenigstens nicht in dem bisher gebrauchten Sinne, sondern sie entstehen einfach dadurch, daß die Blattsubstanz zwischen einzelnen Nerven nicht zur Entwicklung gelangte.

Trennungen von normal verwachsenen Gebilden kommen ungleich häufiger vor, als die bisher besprochenen Trennungen einfacher Gebilde, und es scheint dies auch ganz natürlich zu sein, da ihre Trennung ja nur ein Zurückgehen auf die ursprüngliche Form ist. Eine solche Trennung wurde bereits bei der Pelorienbildung (S. 33 Fig. 7 — 10) besprochen, doch war die in Figur 10 gezeichnete Trennung noch nicht in der Natur nachgewiesen worden. Es sind solche Trennungen normal verwachsenblättriger Blumenkronen aber auch schon wirklich in der Natur aufgefunden worden. So fand z. B. Duby Blumen von Campanula Medium mit fünf völlig freien Blumenblättern und zwar auf einem und demselben Stocke mit vollkommen normal gebildeten Blumen und allen Mittelbildungen zwischen getrennt- und verwachsenblättrigen Blumenkronen. Desgleichen wurden solche Trennungen beobachtet an Campanula Rapunculus und rhomboidalis, an Digitalis purpurea, Antirrhinum majus, Solanum tuberosum, Convolvulus arvensis u. a. m.

Fig. 36.

Häufiger, als die Trennungen normal verwachsener Blumenblätter, sind die Trennungen verwachsener Kelchblätter, doch sind dieselben dann auch mehr oder weniger zu Laubblättern umgestaltet. Hiervon wurden bereits zwei Beispiele besprochen (S. 40 Fig. 15. und S. 46 Fig. 26.). In beiden Fällen waren die Kelchblätter nicht nur wieder getrennt, sondern auch zu Laubblättern umgestaltet worden, und es sei hier nur noch erwähnt, daß die oberständigen Kelche der Calycifloren durch eine solche Trennung in unterständige übergeführt werden (vergl. S. 62). Dergleichen Auflösungen von verwachsenen Kelchblättern in freie, verbunden mit einer größeren oder geringeren Umformung zu Laubblättern, finden sich ziemlich häufig; ich selbst beobachtete sie, außer an Geum und Rosa, auch noch an Berula angustifolia, Conium maculatum und andern Umbelliferen, an Trifolium repens u. s. w. Andere beobachteten dieselben noch an Primula elatior und veris, an Symphytum officinale, Campanula persicifolia, Gentiana campestris und anderen Pflanzen.

Eine unvollkommene Theilung ist gewissermaßen auch die im achten Kapitel (S. 37) besprochene Spaltung der eigentlich röhrig geschlossenen Blüthchen der Compositen.

Fig. 37.

Fig. 38.

Eine höchst interessante Mißbildung beobachtete ich an Geum rivale oder urbanum (die Art ließ sich nicht mehr sicher bestimmen, da die Blüthen gar zu sehr entstellt waren), welche ebenfalls in das Bereich der Trennungen zu ziehen ist. Bei der normal gebildeten Blüthe von Geum (Fig. 37.) stehen, wie bei allen Calycifloren, die Staubgefäße auf dem Kelche, oder richtiger gesagt: auf dem mit dem Kelche verwachsenen Fruchtboden, der sich außerdem auch noch in der Mitte als kleines Säulchen erhebt, auf dessen Spitze die zahlreichen Pistille stehen. In der fraglichen Form (Fig. 38.) hatte sich der Kelch in fünf freie Kelchblätter aufgelöst, welche nun natürlich nicht mehr mit dem Fruchtboden verwachsen waren. Durch diese Umformung hatte der letztere seine Flächenausbreitung, welche im normalen Zustande mit dem Kelche verwachsen ist und die Staubgefäße trägt, verloren, dagegen war seine säulenförmige Erhebung bis zu seiner Basis mit auffällig langgestielten Carpellen bedeckt, denen aber die geknie'te Narbe fehlte, vielmehr lief der sehr lang geschwänzte Griffel ununterbrochen in die verkümmerte Narbe aus. Außer diesen mannichfachen Veränderungen hatten auch die Blumenblätter Gestalt und Farbe verändert, denn sie waren wesentlich kleiner und durchaus gelblichgrün gefärbt.

Auch die aus zwei oder mehren Carpellarblättern entstandenen Pistille lösen sich gar oft wieder in ihre ursprünglichen Blätter auf, und die in Figur 22. (S. 42.) gezeichnete doppelte Weidencapsel braucht deshalb keineswegs bloß als aus der Umbildung der beiden Staubgefäße in Carpelle entstanden angesehen zu werden, sondern kann mit gleichem Rechte auch als aus einer Spaltung der normalen Weidenkapsel hervorgegangen betrachtet werden.

Vierzehntes Kapitel.

Von den Veränderungen der Zahlverhältnisse und dem Schwinden einzelner Organe.

Es ist eine Eigenthümlichkeit, daß bestimmte Zahlen fast durch die ganze Pflanzenwelt gleichsam als Grundzahlen hindurchgehen; es sind das die Drei-, die Vier- und die Fünfzahl. Die Dreizahl ist die charakteristische Zahl für alle Monocotyledonen, die Vier- und Fünfzahl für die Dicotyledonen. Die Monocotyledonen besitzen oft einen dreikantigen Schaft mit zu drei im Wirtel stehenden oder nach $1/3$ Stellung angeordneten Blättern, fast regelmäßig drei Kelch- und drei Blumenblätter, drei oder sechs (d. i. zweimal drei) Staubgefäße und einen dreikantigen, oft auch dreifächrigen Fruchtknoten. Auf gleiche Weise ist die Vier- und Fünfzahl bei den Dicotyledonen vertreten. Doch auch hier heißt es: keine Regel ohne Ausnahme, denn auch in diesen Grundgesetzen erlaubt sich die Natur von Zeit zu Zeit eine Abänderung, gleichsam als wollte sie, gleich dem Kinde, einmal versuchen, wie es sich auf die andere Weise ausnehmen würde, oder als ob sie uns auch hier als die ewige Lehrmeisterin vorangehen und uns auffordern wollte, auch in unserm Thun nicht monoton zu werden, oder endlich, als wollte sie unseres Bestrebens spotten, durchaus in die Natur ein bestimmtes System hineinzubringen, was in der That nicht in ihr begründet ist. So viel auch bis jetzt Pflanzensysteme aufgestellt wurden, auch die nicht ausgenommen, welche sich dem sogenannten künstlichen (dem Linné'schen) gegenüber die natürlichen nennen, so ist doch in der That kein einziges derselben ein wirklich natürliches, d. h. ein in der Natur wirklich vorhandenes und die Natur durchdringendes, sie bleiben vielmehr alle mehr oder weniger künstliche, d. h. nicht in der Natur begründete, sondern der Natur von uns kleinen Menschen aufgedrungene, weil wir uns gewöhnt haben, alle Vollkommenheit nur in der schematischen Anordnung zu suchen und zu finden.

Doch ich komme nach dieser kleinen Abschweifung zurück auf die Grundzahlen, und zwar zunächst auf die Dreizahl. Die Tulpe, eine der bekanntesten monocotylen Pflanzen, zeigt die Dreizahl in allen ihren Blüthenkreisen, das sechsblättrige Perianthium zerfällt in drei äußere (Kelchblätter) und drei innere Blätter (Blumenblätter). Ihre sechs Staubgefäße stehen ebenfalls in zwei Kreisen,

d. h. es sind ihrer drei weiter nach außen und drei weiter nach innen gestellt, sodaß sie wiederum zwei Kreise bilden, in denen die Dreizahl vorhanden ist. Das Pistill ist ein dreikantiges, oben gekrönt von einer dreilappigen sitzenden Narbe. Und gleichwohl kommen gar nicht selten Fälle vor, in denen die Tulpe die Dreizahl mit der Vierzahl vertauscht, denn zu wiederholten Malen fand ich Tulpen mit achtblättrigem Perianthium (vier äußere und vier innere Perianthialblätter), mit acht Staubgefäßen und vierkantigem Fruchtknoten, gekrönt von einer vierlappigen Narbe, und im Innern desselben die Ei'chen in acht Reihen, in jedem Fache deren zwei, wie gewöhnlich. Auf gleiche Weise umgestaltet beobachtete ich die Gagea lutea.

Auch normal findet sich bei den Monocotyledonen die Dreizahl mit der Vierzahl vertauscht. Ein Beispiel hierfür liefert die gemeine Paris quadrifolia, eine durchaus tetramerische Pflanze, doch wechselt auch sie oft die ihr eigenthümliche Vierzahl mit der Fünfzahl, sowie mit der den Monocotyledonen sonst eigenen Dreizahl.

Häufiger, als bei den Monocotyledonen, findet sich die Vertauschung der Grundzahl bei den Dicotyledonen, doch hier ist mir nur das Verhältniß bekannt geworden, wo die Fünfzahl in die Vierzahl überging, oder umgekehrt, doch nie ein analoges Uebergehen der Vier- oder Fünfzahl (als der Grundzahlen der Dicotyledonen) in die Dreizahl (die Grundzahl der Monocotyledonen), obgleich auch dieses keineswegs unmöglich ist. Man betrachte eine einzige Trugdolde des gemeinen schwarzen Hollunders (Sambucus nigra), und man wird sich nicht vergeblich bemühen, unter den zahlreichen fünftheiligen Blüthen desselben (Fig. 39.) mehrere viertheilige (Fig. 40.) aufzusuchen. Die fünf Kelchzipfel, die fünf Blumenkronenzipfel und die fünf Staubgefäße sind durchgängig in diesen einzelnen Blüthen auf die Vierzahl zurückgeführt. Dieselbe Vertauschung der Fünfzahl mit der Vierzahl wurde oft auch an Cerastien, namentlich an Cerastium vulgatum beobachtet. Eben so häufig, wie beim Hollunder, kann man das entgegengesetzte Verhältniß, das Uebergehen der Vierzahl in die Fünfzahl, an einzelnen Blüthen des Lilak's (Syringa vulgaris, S. chinensis und S. persica) beobachten. Man kann fast darauf wetten, daß sich so leicht kein Blüthenstand des Lilak's auffinden lassen werde, in denen nicht einzelne pentamerische (fünftheilige) Blüthen

Fig. 39.

Fig. 40.

unter den normal tetramerischen (viertheiligen) Blüthen gefunden werden sollten.

Wohl fand ich unter den zahlreichen tetramerischen Blüthen des Lilak's gar nicht selten auch dreilappige Blüthenkronen, doch ein einziger Blick in das Innere der Blumenkronenröhre belehrte mich alsbald, daß ich deshalb noch nicht ein Vertauschen der Vierzahl mit der Dreizahl vor mir habe, denn im Innern der Röhre gewahrte ich nie die drei Staubgefäße, welche bei einer Vertauschung dieser Art nothwendiger Weise hätten gefunden werden müssen, sondern immer nur die normalen zwei Staubgefäße (die halbe Vierzahl), und ein Blick auf die drei Blumenkronenlappen ließ alsbald die Bemerkung machen, daß einer derselben weit größer war, als die übrigen zwei, und daß also nur von einer Verwachsung zweier Lappen in einen die Rede sein könne. Auf gleiche Weise fand ich auch häufig an Galium palustre, namentlich aber an Galium elongatum Prsl., statt der gewöhnlichen vierlappigen Blumenkrone eine dreilappige. Zwar habe ich versäumt, hier nach der Zahl der Staubgefäße zu forschen, doch glaube ich wohl annehmen zu dürfen, daß es sich auch hier nur um eine Verschmelzung zweier Kronenlappen zu einem handle, aber nicht um ein Uebergehen der Vierzahl in die Dreizahl. Es wird den Lesern nicht schwer fallen, sich nachträglich von der Richtigkeit meiner Vermuthung zu überzeugen, da ich dergleichen Blumenkronen sehr oft beobachtet zu haben glaube.

Ganz eigenthümlich ist der Fall, daß dieser Wechsel der Vier- und Fünfzahl bei der Raute (Ruta) sogar zur Regel geworden ist, denn bei ihr sind alle Blüthen tetramerisch, nur die einzige centrale Blüthe jedes Blüthenstandes ist pentamerisch. Diese zuerst sich entfaltende Blüthe hat einen fünftheiligen Kelch, fünf Blumenblätter, zehn Staubgefäße, zehn Nectargrübchen, fünf verwachsene Griffel mit der entsprechenden fünflappigen Narbe und eine fünffächrige Fruchtkapsel, während alle übrigen Blüthen die Vierzahl vertreten.

Als ein ferneres Vertauschen einer Zahl kann vielleicht auch der Fall angesehen werden, welcher an Cardamine hirsuta beobachtet wurde; diese Pflanze ist bekanntlich tetramerisch, hat aber, wie alle Cruciferen, normal vier lange und zwei weiter nach außen gestellte, somit also einen zweiten Blüthenkreis vertretende, kürzere Staubgefäße. Von dieser Cardamine wurden Blüthen beobachtet, in denen die beiden kürzeren Staubgefäße fehlten. Es scheint mir dieses Schwindenlassen des unvollständigen oder nur zur Hälfte vorhandenen äußeren

Staubgefäßkreises aus dem Streben der Pflanze hervorgegangen zu sein, die normale Unregelmäßigkeit mit der Regelmäßigkeit zu vertauschen, was eben so gut auch erzielt worden wäre, wenn die normal fehlenden zwei Staubgefäße des ersten Kreises ergänzt worden wären, so daß sich die Blüthe nun zu einer octandrischen umgestaltet hätte, mit vier langen und vier kurzen Staubgefäßen, ein Fall, der denkbarer Weise auch aufgefunden werden wird. Andere Abweichungen in den Zahlen der Blüthentheile finden sich in der Zahl der Griffel oder Pistille.

Wenn man in einer tetra- oder pentamerischen Blüthe nur ein einziges einfaches Pistill findet, so ist dies genau genommen eine Störung der sonst durchgängig vertretenen Grundzahl, denn eigentlich müßten den vier- oder fünftheiligen Blüthen auch fünf Pistille entsprechen, oder, was dasselbe sein würde, ein aus fünf Carpellarblättern entstandenes fünffächriges Pistill, wie bei trimerischen Blüthen das dreifächrige Pistill der sonst herrschenden Dreizahl entspricht; gleichwohl ist das nur selten der Fall, wohl aber will sich die Natur in manchen Fällen gewissermaßen ihr Recht wahren, statt des einzigen Pistilles nach Belieben auch einmal die vier oder fünf Pistille, je nach der übrigens vertretenen Grundzahl, auftreten lassen zu dürfen. So finden wir z. B. in der Gattung Weißdorn (Crataegus) in den durchaus pentamerischen Blüthen die Zahl der Griffel zwischen einem und fünf schwankend. Der gemeine Crataegus Oxyacantha schwankt zwischen 2—3 und der eben so gemeine Crataegus monogyna zwischen 1—2 Griffeln, während noch andere Arten ihrer 3—5 zeigen. Auch hier hat man die ursprüngliche und die eigenthümliche Zahl zu unterscheiden, welche bei vielen Pflanzen zusammenfallen. Als die ursprüngliche Zahl der Griffel ist bei dem Weißdorn, der übrigens pentamerischen Blüthe entsprechend, zweifelsohne die Zahl fünf anzusehen, als die eigenthümliche des Crataegus Oxyacantha dagegen die Zahl zwei und drei. Mit andern Worten haben wir bei dem Weißdorn uns zu denken, daß von den ursprünglich nothwendigen fünf Griffeln in der Regel einer, zwei, drei oder vier unterdrückt werden, und haben uns nicht mehr zu wundern, wenn von ihnen bald einer mehr, bald einer weniger auftritt.

Noch schwankender sind die Zahlenverhältnisse der Blattstellung in den verschiedenen Entwicklungsstufen der Pflanzen. Nach den einfachsten Stellungsgesetzen sind die Blätter an der Keimpflanze angeordnet und durchlaufen, nach und nach zu den je nächst höheren Gesetzen übergehend, bald mehr bald weniger Stellungsverhältnisse, bis sie endlich in der entwickelten Pflanze das ihr eigenthümliche Stellungsgesetz erreicht haben, was dann nur noch bisweilen in der Anordnung der oft sehr zahlreichen Deckschuppen eines Compositenköpfchens oder eines Coniferenzapfens u. s. w. eine abermalige Steigerung erfährt. Ausführlicher hierauf einzugehn, erlaubt, wie schon früher gesagt wurde, der diesem Buche gestellte Umfang nicht.

Ferner könnten als Schwankungen in den Zahlverhältnissen noch die Verdoppelungen ganzer Blüthenkreise erwähnt werden, z. B. das Schwanken der Alsine media zwischen 5 und 10 Staubgefäßen, die Verdoppelung oder Vervielfältigung der Blumenkronen von Campanula Medium u. s. w., doch fanden diese Verhältnisse schon bei der Metamorphosenlehre (S. 43) ihre Erwähnung.

Noch lassen sich manche andere Zahlenabweichungen erwähnen, die aber nichts zu thun haben mit der Vertauschung zweier Grundzahlen, sondern nichts anderes sind, als ein zufälliges Fehlschlagen oder Schwinden einzelner Glieder. So wurde z. B. eine Blume der Diplotaxis tenuifolia beobachtet, welche statt vier, nur zwei Blumenblätter hatte. Ferner fand man Bohnenblüthen, denen das Schiffchen, und eine Erbsenblüthe, der nicht bloß das Schiffchen, sondern auch die Flügel fehlten, und der mithin bloß das Fähnchen geblieben war, sodaß sie sich gerade wie die Blume von Amorpha verhielt.

Ganz eigenthümlich ist das gänzliche Fehlschlagen der Kerne in einer Abart des Weinstockes, der Corinthen-Traube. Auf keinem andern Grunde, als auf dem des Fehlschlagens, scheinen auch die so vielfach wechselnden Zahlen in den Blattwirteln vieler Pflanzen zu beruhen. So wechseln z. B. die Blattwirtel vieler Galien (z. B. Galium purpureum, verum, aristatum u. a. m.) ganz unregelmäßig zwischen den verschiedensten Zahlen, 4—6, 6—8, 7—8, 7—10, 8—9, 8—10, 8—12, 9—12 u. s. f., während bei andern Arten derselben Gattung die Zahl der Wirtelblätter eine ganz constante ist.

In noch andern Fällen bleiben ganze Blüthenkreise in ihrer Entwicklung zurück oder schlagen auch wohl ganz fehl. Am häufigsten werden die Blumenblätter von diesem Loose betroffen. So hat z. B. die Sagina apetala bald mehr bald weniger ausgebildete Blumenblätter, bald auch entschieden gar keine; bei vielen Veilchen bringen die ersten Blüthen mit ihren großen Blumenblättern nie Früchte, wohl aber die später erscheinenden normal blumenblattlosen Blü-

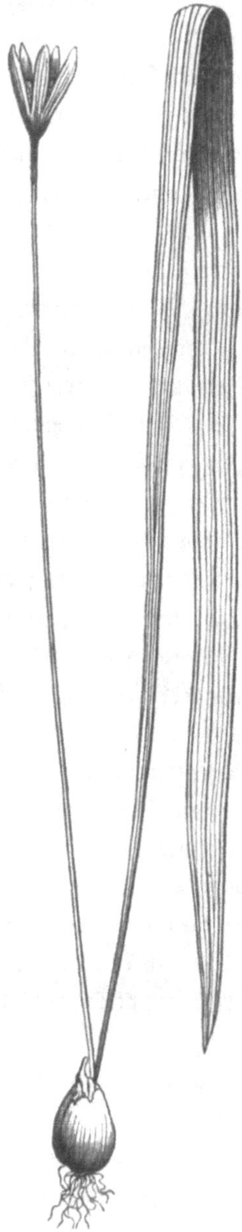
Fig. 41.

then; den ersten Blüthen des Ranunculus auricomus pflegen entweder sämmtliche, oder doch wenigstens 2—4 Blumenblätter zu fehlen u. s. w. Ein gänzliches Fehlschlagen oder Schwinden der Staubgefäße findet sich oft bei der gemeinen Pestwurz (Petasites officinalis), wodurch die normalen Zwitterblüthen zu bloß weiblichen werden.

Beide Geschlechter, Staubgefäße und Pistille, verkümmern regelmäßig in den Randblüthen des Schneeballes (Viburnum Opulus) und in sämmtlichen Blüthen der in unsern Gärten gezogenen Exemplare dieses Strauches, wodurch nun die eigentlich sehr kleinen Blumenblätter zu den bekannten großen Blüthenhüllen umgeformt werden, welche unser Auge so sehr erfreuen. Dasselbe Verhältniß findet auch bei der in unsern Gärten cultivirten Hortensia (Hydrangea hortensis) statt.

Schließlich sei noch ein eigenthümliches Schwinden des Blüthenschaftes von Gagea lutea erwähnt, das ich oft in einem nassen Erlenwäldchen bei Connewitz unweit Leipzig beobachtete, und welches sich jedenfalls auch anderswo nachweisen lassen wird. Statt des steifen Blüthenschaftes, welcher in der Regel auf seiner Spitze, von zwei gegenständigen Bracteen gestützt, zahlreiche, doldenförmig angeordnete Blüthen treibt, hatte sich hier aus dem unterirdischen Knollen nur eine einzige Blüthe entwickelt, welche auf einem schwanken, fadenförmigen, völlig nackten Blüthenstiele ungefähr von der gewöhnlichen Länge des Blüthenschaftes zwischen den grünen Blättern emporragte (Fig. 41.)

Wohl könnten auch hier noch viele Beispiele wechselnder Zahlverhältnisse aufgeführt werden, allein schon diese wenigen werden hoffendlich ausreichend sein, den Leser überhaupt auf dergleichen Schwankungen aufmerksam zu machen, um bei der Beobachtung der Kinder seiner Flora seine Aufmerksamkeit auch auf diese Seite zu lenken.

Fünfzehntes Kapitel.

Von den Krankheiten der Pflanzen.

Die Ueberschrift dieses Kapitels mag wohl sonderbar für denjenigen klingen, welcher glaubt, daß viele der bis jetzt erwähnten Bildungsabweichungen oder Formänderungen in das Bereich der Krankheiten fallen, weil z. B. gefüllte Blumen, zu Carpellar- oder Laubblättern aufgelöste Pistille u. s. w. so gewichtig in den Haushalt der Natur eingreifen, daß dadurch die betreffenden Pflanzen an der Erreichung ihres Lebenszieles, der Samenbildung und dadurch der Fortpflanzung und Vervielfältigung der Art verhindert werden; doch der Botaniker ist gewohnt, unter den Krankheiten der Pflanzen nur solche Störungen zu begreifen, welche einerseits nicht bloß die Blüthentheile befallen, sondern mehr oder weniger die ganze Pflanze in krankhaften Zustand versetzen, andererseits aber auch nur von zufälligen, von außen her einwirkenden Einflüssen bedingt werden, ohne aus einer der Pflanze selbst inwohnenden physiologischen Anlage hervorgegangen zu sein.

Zu den Krankheiten der Pflanzen gehört demnach zunächst die **Bleichsucht**, hervorgebracht durch eine Zersetzung des Chlorophylls innerhalb der Laubblätter. Die Blätter verlieren dadurch ihre lebhaft grüne Farbe und werden gelblich-grün, oder gar grünlich-weiß, oder, wenn die Verbleichung eine unvollständige ist, auch bloß weiß punktirt oder weiß gestreift, bisweilen auch bloß weiß gerandet, was namentlich öfters an cultivirten Exemplaren der Agave americana beobachtet werden kann. Je vollständiger aber die Bleichsucht auftritt, um so geschwächter erscheint die Pflanze, ohne daß jedoch dadurch ihre Lebensfähigkeit aufgehoben wird. Hierher gehören auch die sogenannten **vergeilten** Triebe von Pflanzen, welche des Lichtes entbehrten; man findet sie häufig an Pflanzen, welche in Kellern oder finstern Kammern aufbewahrt wurden, an solchen, welche von Steinhaufen bedeckt waren und sich nun bemühten, ihre Triebe zwischen den einzelnen Steinen hindurchzudrängen u. s. w. Dergleichen vergeilte Triebe sind nicht allein ungefärbt (gelblichweiß oder gelblich oder grünlichgelb, je nachdem das Licht gar keinen oder doch noch einen, wenn auch nur sehr geringen, Einfluß dabei ausübte), sondern sie sind auch schmächtiger und wässriger, die Internodien in der Regel auffällig verlängert, ohne Steifheit, und außerdem pflegt der den normalen Pflanzen sonst eigenthümliche Geruch und Geschmack solchen Trieben zu fehlen. Daß sie gleichzeitig auch wässriger sind, dürfte wohl dadurch zu erklären sein, daß der Lichtmangel die Zersetzung der Kohlensäure und somit auch die Holzstoffbildung sowie die Ausdünstung der überflüssigen wässrigen Stoffe verhinderte.

Derselbe Ueberfluß an wässrigen Stoffen ist es aber auch, welchem wir es zu danken haben, daß viele Früchte (Kirschen rc.), Scheinfrüchte (Aepfel, Birnen rc.) und Wurzeln (Möhren rc.) durch die Cultur weit saftiger und dadurch genießbarer gemacht wurden, als sie an den in der Wildniß wachsenden Pflanzen gefunden werden; doch rührt hier der Ueberfluß an Feuchtigkeit nicht von Mangel an Ausdünstung her, sondern von dem durch Gärtnerfleiß vermehrten Zutritte des Wassers an die Wurzeln der Pflanze und ist mithin nichts weniger als Krankheitszustand, sondern im Gegentheil ein Zeichen üppiger Gesundheit.

Nicht in das Bereich der Bleichsucht gehört der Wechsel blau oder roth blühender Blumen mit weißer Blüthenfarbe, sondern scheint vielmehr in der Natur des Farbstoffes selbst zu liegen, wie auch die blaue und rothe Farbe unter sich häufig wechseln; seltner geht auch die gelbe Farbenreihe mit der blauen oder rothen einen Wechsel ein. Den mannichfachsten Farbenwechsel finden wir an cultivirten Exemplaren der Georginen und Gartennelken. Bisweilen treten die verschiedenen Farbenspiele sogar an einer und derselben Pflanze auf; so besitze ich z. B. eine Anagallis arvensis, welche gleichzeitig blaue und rothe Blumen trägt und mithin deutlich darthut, wie unrecht es war, die blaublühende Form als besondere Art (Anagallis coerulea) von der rothblühenden zu sondern.

Zwei andere Krankheiten der Pflanzen, welche aber weniger Interesse für ein Herbarium, als vielmehr bloß für den aufmerksamen Beobachter haben, sind der trockene und der feuchte Brand. Es ist unter diesem Namen nicht die alsbald zu erwähnende Krankheit zu verstehen, welche aus verschiedenen Pilzbildungen z. B. in den Aehren unserer Getreidegräser auftritt, sondern jener

Proceß, auf welchem (bei dem trocknen Brande) das Hohlwerden der Bäume beruht, hervorgegangen aus einer Umwandlung des Holzstoffes in Bassorin, und durch welchen (bei dem feuchten Brande) der Inhalt der einzelnen Zellen in eine braune stinkende Jauche verwandelt wird. Der erstere ergreift, wie schon gesagt, alte Baumstämme und wird von den Forstleuten auch mit dem Namen der Kernfäule belegt, der letztere kommt bloß bei saftreichen und fleischigen Pflanzentheilen vor. Hierher gehört z. B. die gefürchtete Kartoffelkrankheit. Dieselbe pflegt aber jederzeit begleitet zu sein von verschiedenen Pilzbildungen und so wird es denn fraglich, ob sie eine selbstständige Krankheit ist, die ihren Grund in irgend welchen atmosphärischen oder Bodenverhältnissen, in einer fehlerhaften chemischen Mischung, in einer chemischen Zersetzung u. s. w. hat, oder ob sie eben nur das Product der Pilzbildung ist, mit andern Worten: ob der Pilz die Folge, oder die Ursache der Krankheit ist. Die Beantwortung dieser Frage soll sich nicht bloß auf die erwähnte Kartoffelkrankheit, sondern überhaupt auf die Pilzbildung in lebenden Pflanzen erstrecken, mit welcher Krankheitserscheinungen an den betreffenden Pflanzen selbst wahrgenommen werden.

Seit langen Jahren hatte man schon die Bemerkung gemacht, daß sämmtliche Pilze nur auf Zersetzungsproducten thierischer oder pflanzlicher Gebilde vorkommen, oder wenigstens auf in Zersetzung begriffenen, und daraus, sowie aus dem Umstande, daß die Pilzsporen größer sind, als die Spaltöffnungen der von Blatt- und Brandpilzen so häufig befallenen Pflanzen, sodaß demnach die Sporen unmöglich durch sie haben in das Innere der Pflanzen gelangen können, — daraus, sage ich, wurde der allerdings voreilige Schluß gezogen, daß die betreffenden Pilze, Producte einer organischen Zersetzung, durch die Urzeugung (generatio aequivoca) im Innern der später durch sie zerstörten Pflanzen oder Pflanzentheile hervorgebracht würden. Ja Nägeli ging so weit, alle Pilze eben deshalb, weil sie nur auf den Ueberresten abgestorbener oder absterbender Pflanzen und Thiergeschlechter leben, von den „wirklichen Pflanzen" als „Hysterophyten" abzutrennen, ein Mißgriff, wie er ungefähr ebenfalls von dem begangen werden würde, welcher die fleischfressenden Thiere als Hysterozoen von den „wirklichen" Thieren, d. h. von den pflanzenfressenden, trennen würde.

Mit fortschreitender Einsicht in die geheime Werkstätte der Natur, namentlich aber durch Ehrenbergs Entdeckungen, wurde der Glaube an die Urzeugung immer mehr und mehr erschüttert und man fing nun an, genauere Beobachtungen auch über die Pilze anzustellen. Da entdeckte man die Keimung der Brandpilzsporen und bemerkte alsbald, daß die den keimenden Sporen entspringenden Schlauchfäden vollkommen den Myceliumfäden glichen, welche die Sporen tragen. Ein Streit entspann sich, ob diese Myceliumfäden durch die Spaltöffnungen, oder durch die Wurzelenden in das Innere der Pflanze eintreten, doch ist anzunehmen, daß sie an jeder beliebigen Stelle in die Pflanze einzudringen vermögen, da es erwiesen ist, daß sie bisweilen sogar harte Holzzellen zu durchbrechen im Stande sind; daß sie aber wirklich von außen eindringen, ist durch vielfältige Beobachtungen erwiesen worden. So lieferte z. B. Weizen, ohne alle besondere Vorbereitung gesäet, unter 806 gesunden Aehren nur 2 brandige, dagegen lieferten 400 Körner von derselben Sorte, nachdem sie vorher mit Brandstaub (d. i. mit den Sporen dieser verderblichen Brandpilze) bestreut worden waren, bloß 210 gesunde, aber 463 brandige Aehren. Nach einem andern Versuche lieferten 200 gesunde Körner, welche vorher mit Brandstaub imprägnirt worden waren, nur 67 gesunde, aber 375 brandige Aehren. Nach einem dritten Versuche wurden von einer und derselben Weizenprobe einige Körner ohne alle Vorbereitung gesäet: sie lieferten 102 gesunde Aehren ohne irgend eine brandige; andere Körner wurden vor der Aussaat erst angefeuchtet und lieferten unter 198 gesunden Aehren 4 brandige; noch andere wurden ebenfalls angefeuchtet, aber auch mit Brandstaub bestreut, diese lieferten unter 339 gesunden Aehren 188 brandige. Diese und noch vielfache andere derartige Versuche, welche sämmtlich ein ähnliches Resultat ergaben, liefern den Beweis dafür, daß die brandigen Aehren dadurch entstehen, daß die Körner, welche man zur Aussaat benutzt, in Berührung mit dem Brandstaube kommen. Noch mehr aber wird diese Behauptung dadurch bestetigt, daß dieser Einfluß auch wieder gehoben werden kann, wenn man die von einem brandigen Felde entnommenen Körner vor der Aussaat reinigt. Nach einem Versuche von Plathner gab brandiger Weizen, welcher vor der Aussaat durch Schwingen möglichst vom Brandstaube gereinigt worden war, von 1000 Körnern doch noch 422 Brandähren; andere 1000 Körner, welche vorher mit reinem Wasser gewaschen wurden, gaben bloß noch 116; die dritten 1000 wurden mit Kalk gebeizt nnd gaben nur 69, während diejenigen, welche mit Kupfervitriol behandelt wurden, gar bloß 28—31 brandige Aehren lieferten. Einen andern Beweis lieferte Fée. Derselbe nahm drei gleichartige, nie vom Rost befallene Rosenstöcke, pflanzte jeden in einen besondern Kasten und cultivirte alle drei unter gleichen Verhältnissen. Gegen Ende des Winters vermischte er nun die Erde des einen mit rostigen Rosenblättern; über dem zweiten wurde ein anderer Theil solcher Rosenblätter tüchtig ausgeklopft, um die Sporen des Rostes abzuschütteln, und zwar zu der Zeit, wo der Rosenstock in voller Entwickelung und der Blüthe nahe war; eine dritte Partie rostiger Blätter wurde in Wasser gethan, mit welchem der dritte Rosenstock begossen wurde. Bis zum Herbste zeigte sich an allen drei Stöcken keine Veränderung, dann aber bedeckten sich die Blätter des ersten mit Uredo (Rost), die der beiden andern aber blieben frei. In diesem Falle waren die Myceliumfäden demnach entschieden durch die Wurzelenden eingetreten und hatten den ganzen Stock durchdringen müssen, ehe sie in den Blättern die zu ihrer Sporenentwicklung nöthigen Verhältnisse finden konnten.

Durch diese und ähnliche Versuche ist deutlich genug nachgewiesen, daß die Brandpilze selbstständige Organismen, daß sie eben Pilze sind, und nicht bloß degenerirte Zellen der von ihnen bewohnten Pflanze, sowie daß sie nicht das Product, sondern die Ursache etwaiger Krankheiten sind, gerade so, wie sich auch die Botrytis Bassyana nicht in Folge einer Krankheit der Seidenraupen auf diesen erzeugt, sondern dieselbe erst die Krankheit und später auch den Tod der Raupen herbeiführt, oder, um Beispiele aus dem animalischen Leben anzuführen, wie die Eingeweidewürmer, die Grätzmilben, der Favuspilz (der ansteckende Kopfgrint) u. s. w. nicht in Folge einer Krankheit im menschlichen oder thierischen Körper entstehen, sondern die Krankheit, d. h. das Siechthum desselben erst herbeiführen.

Eben so wenig ist das sogenannte Befallen der Pflanzen mit Mehlthau (auch wohl Lohe genannt) eine Krankheit, sondern eine Pilzbildung, welche aber nur die äußere Blattfläche befällt, jedoch der Pflanze gleichwohl verderblich werden kann, wenn sie durch ihr Auftreten auf der untern Blattseite den Athmungsproceß verhindert.

Auf gleicher Stufe der Schädlichkeit mit diesen Schmarotzerpilzen stehen die höheren Schmarotzerpflanzen (Cuscuta, Orobanche, Lathraea, Thesium, Monotropa u. a. m.). Jemehr dieselben ihrer Nährpflanze Nahrungsstoff entziehen, desto schädlicher müssen sie ihr werden.

Insofern aber nun alle Schmarotzerflanzen, sowohl die höheren, wie die Schmarotzerpilze, in der Regel nur auf bestimmten Pflanzen gedeihen, so gewinnen sie für die Naturgeschichte der einzelnen Nährpflanzen dasselbe Interesse, was die Nährpflanzen für die Schmarotzer gewähren, und verdienen ebenfalls im Herbarium den einzelnen Pflanzen beigelegt zu werden, und zwar um so mehr, je verderblicher sie auf dieselben wirken.

Auf gleiche Weise verdienen auch die zahlreichen durch Insekten hervorgebrachten Auswüchse, Geschwülste, blasige Auftreibungen und Verkrüppelungen u. s. w. mancher Pflanzen Berücksichtigung und Aufnahme im Herbarium, und je vollständiger auch sie darin vertreten sind, desto mehr gleicht dasselbe einer abgeschlossenen Biographie der einzelnen in ihm enthaltenen Pflanzen.

Sechzehntes Kapitel.

Von den Bastardbildungen.

Seit langen Jahren schon beobachtete man von Zeit zu Zeit einzelne Pflanzen, welche sich in die Charaktere zweier andern so ziemlich theilten; man bemerkte an ihnen Aehnlichkeit mit der einen und mit der andern Pflanze und doch überzeugte man sich, daß es keine von beiden war. Da man nun ihre Bastardnatur nur in den seltensten Fällen erkannte, so blieb nichts Anderes übrig, als sie als selbstständige, die Mitte zwischen jenen beiden Arten haltende neuentdeckte Art zu beschreiben. Auf diese Weise entstanden Diagnosen und Beschreibungen zahlreicher neuer Arten, welche entweder auch in andern Gegenden aufgefunden, oder auch nie wieder gesehen wurden. Erst in der neueren Zeit, wo man immer mehr und mehr solche Pflanzen auffand, kam man auf die Vermuthung, daß viele dieser seltenen, oft nur einmal beobachteten Pflanzen Bastarde sein könnten, die man nun zwischen den Stammeltern aufsuchte und vielfach auch wirklich daselbst auffand.

Die Bastarde entstehen durch Uebertragung des Pollens der einen Art auf die Narbe einer andern Art. Diese fremdartige Befruchtung (wenn sie gegenseitig erfolgt, auch Kreuzung genannt) wird theils vielfach von Kunstgärtnern künstlich herbeigeführt, um neue Formen für die Ziergärtnerei zu gewinnen, theils kommt sie in der Natur vor, wo der Pollen durch den Wind oder durch Insekten übertragen wird. Soll die Kreuzung künstlich herbeigeführt werden, so hat man zunächst dafür zu sorgen, daß nicht vor oder kurze Zeit nach der Uebertragung des fremden Pollens die Befruchtung durch den den Pflanzen selbst gehörigen Pollen vollzogen werde. Am besten entfernt man die Antheren aus den zu befruchtenden Blüthen, noch ehe sie sich geöffnet haben, da der eigene Pollen die Wirkung des fremden jederzeit vollständig aufhebt.

Eine solche fremdartige Befruchtung ist aber nur denkbar zwischen Arten einer und derselben Gattung oder höchstens zweier einander sehr nahestehenden Gattungen, z. B. Silene und Lychnis, Lychnis und Agrostemma, Aegilops und Triticum u. s. w., keineswegs aber zwischen Gattungen, welche verschiedenen Familien angehören. Erfolgt nun durch eine solche Uebertragung des Blüthenstaubes wirklich eine Befruchtung, d. h. wird durch sie die Samenbildung herbeigeführt, so gehen aus diesem Samen Bastardpflanzen hervor, welche in Form und Farbe ihrer Theile mehr oder weniger die Mitte halten zwischen den beiden Stammarten oder Stammeltern. Von den letzteren pflegt man diejenige, welche den Pollen lieferte, die Vaterpflanze, dagegen die, welche befruchtet wurde und später den Samen lieferte, die Mutterpflanze zu nennen.

Für die Gestaltung der Bastarde ist es nicht gleichgültig, welche der beiden Stammarten die Vater- oder die Mutterpflanze ist, denn nur in einzelnen Fällen theilen sich die Bastarde so vollständig in die Charaktere der Eltern, daß man nicht mehr entscheiden kann, welcher der beiden Stammarten die Tochterpflanze am meisten gleicht. In der Mehrzahl der Fälle haben die Bastarde mehr Aehnlichkeit mit der Mutterpflanze, als mit der Vaterpflanze, oder sie haben sich in die Charaktere der Eltern derartig getheilt, daß sie die Blüthen und Früchte mehr von der einen, die Blätter mehr von der andern Pflanze entlehnten. Ja in einzelnen Fällen entsprechen die Reproductionsorgane (Blüthenorgane) fast ganz und gar der einen, während die Vegetationsorgane (Laubblätter) fast unverändert der andern entnommen zu sein scheinen.

Höchst eigenthümlich ist das Verhältniß der Bastardpflanzen in Bezug auf ihre eigene Fruchtbarkeit. Vielfach hört man die Behauptung aussprechen, daß keine Bastardpflanze keimfähigen Samen hervorbringe. Dem ist aber nicht so, sondern im Gegentheil nur sehr wenige Pflanzenbastarde sind vollkommen unfruchtbar, die bei weitem größte Mehrzahl bringt fruchtbare Samen hervor, wenn auch kaum je in so reichlicher Menge, wie ihre Stammeltern. Die Anzahl der fruchtbaren Samen ist bei den verschiedenen Bastarden sehr verschieden. Einige liefern sie nur so spärlich, daß dieselben leicht übersehen und die Pflanzen deshalb für vollkommen unfruchtbar gehalten werden können. Andere liefern reichlichern Samen, ja manche so reichlich, daß ihre Fruchtbarkeit nur wenig hinter der normalen Fruchtbarkeit der Stammarten zurückbleibt.

Noch eigenthümlicher aber ist der Umstand, daß die Fruchtbarkeit in den nachfolgenden Geschlechtern abnimmt, sodaß also Bastarde, welche selbst nur in geringem Maße fruchtbar waren, aus ihren reifen Samen ihnen gleichgebildete Pflanzen hervorbringen, welche aber nun unfruchtbar zu sein pflegen. Andere, reichlich Samen liefernde Bastarde zeugen solche von geringerer Fruchtbarkeit und diese wieder solche von noch geringerer, oder ohne alle Fruchtbarkeit. So kann es denn geschehen, daß man fruchtbare und unfruchtbare Bastarde nebeneinander findet. Ich besitze z. B. den Bastard aus Nasturtium austriacum und N. sylvestre, welchen Reichenbach in seiner „Deutschlands Flora" (Fig. 4364) als N. anceps abbildete, ebensowohl mit lauter fruchtbaren, wie mit lauter unfruchtbaren Schoten. Figur 42 stellt die erstere, Figur 43 ein ein Aestchen der letzteren Form dar, die mir, beiläufig bemerkt, auch als N. armoracoides Tsch. aus dem nördlichen Böhmen mitgetheilt wurde. (Verschiedene Floren führen auch die verschiedenen Bastarde aus N. amphibium, N. palustre und N. sylvestre als N. anceps auf!)

Auf diesem seltsamen Naturgesetze der verminderten Fruchtbarkeit in den einzelnen Generationen der Pflanzenbastarde beruht theilweise das baldige Aussterben derselben, sodaß es fast scheint, als habe sich die Pflanzenwelt abgeschlossen und wolle nicht, daß schließlich die Bastarde einmal die Stammarten überwuchern, oder wohl gar überleben möchten.

Der andere Grund des Aussterbens der Bastarde liegt in der innigen Wahlverwandtschaft der Bastarde zu ihren Stammeltern. Während nämlich Stammarten nur dann die fremdartige Befruchtung eingehen, wenn nicht gleichzeitig auch ihr eigener Pollen auf die Narben gelangt, so ziehen die Bastarde die Befruchtung durch die Stammeltern, oder sogar durch andere Arten, der Befruchtung durch den eigenen Pollen vor. Will man daher Bastarde durch Samen fortpflanzen, so hat man sorgfältig darauf Rücksicht zu nehmen, daß nicht mit dem eigenen Pollen auch der der Stammeltern oder ihnen verwandter Arten auf die Narbe gelange, weil sonst der erstere durch den letzteren vollkommen wirkungslos gemacht werden würde.

Erfolgt aber die Befruchtung einer Bastardpflanze durch eine ihrer Grund-

Fig. 42. Fig. 43.

arten, so ist einleuchtend, daß aus den durch solche Befruchtung erzeugten Samen Pflanzen hervorgehen müssen, welche nun zu drei Vierteln der zuletzt befruchtenden Pflanze entsprechen, und nur noch zu einem Viertel der andern Stammpflanze. In solchen Bastarden nimmt nun die Fruchtbarkeit in derselben Weise, in der sie sich den Stammarten nähern, wieder zu. Bei fortgesetzter Befruchtung durch dieselbe Stammart muß natürlich endlich eine Pflanze entstehen, in welcher der noch einzig übrige Antheil an der zweiten Stammart nur noch von so geringem Einflusse ist, daß er von dem Forscherauge nicht mehr nachgewiesen werden kann und man zu der Behauptung berechtigt ist, die Bastardpflanze sei wieder in die eine oder die andere Stammart übergegangen.

Auf dieser innigen Wahlverwandtschaft beruht zweifelsohne das Resultat jener Beobachtungen, durch welche man nachzuweisen versuchte daß die Bastarde durch wiederholte Aussaat ihrer Samen nach wenigen Generationen nach und nach wieder in die Stammarten übergeführt würden. Einerseits widerspricht dieser letzteren Ansicht schon der Umstand, daß die Bastarde in den folgenden Generationen an Fruchtbarkeit abnehmen bis sie endlich vollkommen unfruchtbar werden und sich selbstverständlich nicht fernerhin durch Samen fortpflanzen können; andererseits sieht man aber auch keinen Grund ein, auf welchem eine solche beliebige Umwandlung in die Vater- oder Mutterpflanze ohne deren Einfluß beruhen sollte. Höchst wahrscheinlich haben diejenigen Beobachter, welche das Uebergehen der Bastarde in der dritten, vierten, fünften oder sechsten Generation an verschiedenen Bastarden beobachtet zu haben glaubten, nicht hinlängliche Sorge dafür getragen, daß kein Pollen der Stammeltern zu deren Bastardpflanzen gelangen könne; es wäre demnach gewiß lohnend, durch wiederholte Aussaat mit Anwendung der soeben erwähnten Sorgfalt das Resultat jener Beobachtungen zu prüfen, und ich zweifle nicht daran, daß man zu einem andern Resultate gelangen werde.

Ein Beweis für die Wahrscheinlichkeit, ja für die Richtigkeit meiner Behauptung ist bereits in der Neuzeit, und zwar durch die berühmte Frage von der Umwandlung des Aegilops in Triticum geliefert worden.

Faber glaubte nämlich den Beweis geliefert zu haben, daß der Weizen, dessen Vaterland man bekanntlich nicht mehr kennt, durch tausendjährige Cultur aus Aegilops entstanden sei. Sorgfältige hierüber angestellte Untersuchungen haben nun gezeigt, daß in der Nähe jener Orte, an denen Faber unter der Aegilops ovata die erste Uebergangsform zum Weizen (Aegilops triticoides) gefunden hatte, große Weizenfelder sich ausdehnten. Mit Recht vermuthete man nun in dieser Form einen Bastard der beiden Pflanzen (des Aegilops und des Weizens), der auch in der That bald auf künstlichem Wege erzeugt wurde. Derselbe war aber nur in so geringem Maße fruchtbar, daß man ihn anfangs sogar für völlig unfruchtbar hielt. Gleichwohl hatte Faber in der That aus ihm durch fortgesetzte Aussaat endlich den Weizen erhalten. Man befruchtete daher diesen Bastard (Aegilops triticoides) mit dem Weizen und war nicht wenig erstaunt, aus dieser Befruchtung die Aegilops speltoides hervorgehen zu sehen, welche alljährlich sehr reichlichen Samen lieferte und schon seit vielen Jahren in französischen Gärten cultivirt worden war, ohne sich irgend wie verändert, d. i. ohne sich allmählich in Weizen umgestaltet zu haben. Würde man sie aber wiederum durch Weizen befruchten, so würde sie natürlich dem Weizen immer ähnlicher werden und endlich zu dem Resultate führen, zu welchem Faber gelangte.

Eine anderweitige Eigenthümlichkeit der Bastarde ist die, daß sie oft an Größe ihrer Organe, sowie an Lebhaftigkeit ihrer Blüthenfarben nicht unwesentlich gewinnen. Diesen Umstand wissen auch die Gärtner wohl zu nützen, indem sie die schönsten Formen der Nelken, Calceolarien, Fuchsien, Petunien u. s. w. wiederholt mit einander kreuzen und dadurch jene herrlichen großblüthigen Bastarde und Doppelbastarde (entstanden durch die Kreuzung zweier Bastarde) erziehen, deren Pracht wir so sehr bewundern, wenn uns auch ihre sonderbaren Namen, mit denen sie von den Gärtnern belegt zu werden pflegen, nicht eben angenehm berühren.

Die Neigung, Bastardbildungen einzugehen, ist in den verschiedenen Gattungen eine verschiedene, da manche sehr gern bastardiren, andere nie. Noch niemals sah man z. B. eine rein blaublumige Art mit einer gelbblüthigen sich kreuzen, während die blaurothen Blüthen mit den gelben sehr zahlreich bastardiren. Doch auch ohne dergleichen Farbenverschiedenheiten stehen nicht immer die verschiedenen Arten einer und derselben Gattung auf gleicher Stufe der Wahlverwandtschaft, ja es sind sogar Fälle bekannt, in denen die eine Art den Pollen einer zweiten Art annahm und sich von ihm befruchten ließ, während umgekehrt die zweite von der ersten nicht befruchtet wurde. Am zahlreichsten finden sich die natürlichen Bastardbildungen unter den Cirsien, welche vor allen andern Pflanzen am meisten dazu geeignet scheinen, und von ihnen ist es wiederum zunächst das gelbblühende Cirsium oleraceum, welches am liebsten mit den zahlreichen rothblüthigen Schwesterarten Bastarde bildet, obgleich auch diese unter sich alle nur irgend denkbaren Bastarde liefern, sobald ihnen überhaupt die Gelegenheit dazu geboten wird. Einen dieser zahlreichen Cirsien-Bastarde zeigt Figur 44, das Product der Bastardbildung zwischen dem gelbblüthigen Cirsium oleraceum (Fig. 45.) und dem rothblüthigen Cirsium arvense (Fig. 46.). Der Bastard behielt die gelbe Blüthenfarbe des ersteren bei. Die Blätter, welche in der vorstehenden Zeichnung ihrer Größe halber nicht dargestellt werden konnten, gleichen mehr denen von C. oleraceum, als denen von C. arvense, erlitten aber doch schon einige Modificationen. Von den zahlreichen Hochblättern (Bracteen), welche die Köpfchen des C. oleraceum zu stützen pflegen (s. Fig. 45.), sind nur noch wenige vorhanden und auch diese sind bereits viel kleiner geworden, als bei C. oleraceum, um die Mitte herzustellen zwischen den beiden Stammeltern.

Fig. 44.

Die Köpfchengestalt steht zwischen der der beiden Stammarten, dagegen gleichen die Hüllschuppen der Köpfchen fast ganz denen von C. arvense und sind nur wenig gestreckter, was eine Folge der Einwirkung der sehr lang gestreckten Schuppen des C. oleraceum ist.

Dieser Bastard ist übrigens äußerst selten, und zwar einfach deshalb, weil die beiden Stammeltern nie gesellig beisammen wachsen, denn C. oleraceum wächst auf feuchten Wiesen, C. arvense dagegen auf Saatfeldern. Der Bastard kann demnach nur durch zufällige Befruchtung durch Insekten, oder auf künstlichem Wege hervorgebracht werden. Außerordentlich zahlreich kreuzt sich dagegen das C. oleraceum mit den auf gleichem Standorte wachsenden

Arten, als: C. acaule, palustre, bulbosum, canum u. s. w., und man ist stets berechtigt, auf einer Weise, auf welcher irgend eine dieser Arten mit C. oleraceum gemischt vorkommt, nach dem betreffenden Bastarde zu suchen. Wachsen aber drei oder mehr Arten unter einander, so finden sich auch in der Regel alle nur immerhin denkbaren Bastarde darunter.

Fig. 45.

Außer den Cirsien sind es namentlich noch die Gattungen Verbascum, Nasturtium und Salix, welche die zahlreichsten Bastarde liefern. Leicht sind sie zu erkennen, wenn man sie unter den Stammeltern selbst auffindet und außerdem die Reproductionsorgane mit den Vegetationsorganen gleichzeitig vorhanden sind. Schwieriger sind sie bei den Weiden zu erkennen, bei denen die Blüthen und Früchte meist nicht mehr vorhanden sind, wenn die Blätter zur Entwicklung gelangen, und gerade bei ihnen kommt der Fall am meisten vor, daß die Blätter der Bastardpflanze mehr denen der Vaterpflanze, die Früchte dagegen mehr der Mutterpflanze gleichen. Es bleibt daher für den, welcher überhaupt Weiden für das Herbarium sammeln will, unerläßlich, sich die Sträucher genau zu bezeichnen, von denen im Frühjahre die Blüthen oder jungen Früchte gesammelt wurden, um genau von denselben Stämmen im Sommer auch die Blätter eintragen zu können. Ohne diese Sorgfalt würde man nur äußerst wenige Bastarde zu erkennen im Stande sein, vielmehr gar leicht einen Bastard mit der Stammart verwechseln und ihn höchstens für eine geringe Formabweichung halten, während man diesen Irrthum sofort erkennen wird, wenn man Blüthen und Blätter von denselben Individuen schnitt.

Fig. 46.

Die bekanntesten Weidenbastarde, welche aber zeither für eigene Arten angesehen wurden, sind: Salix rubra, S. ambigua und S. acuminata Kch. (non Sm.); die erstere entstand aus S. purpurea und S. viminalis, die zweite aus S. aurita und S. repens, die letztere aus S. caprea und S. viminalis. Ferner: S. undulata und S. hippophaëfolia (beide aus S. viminalis und S. amygdalina), die S. mollissima (aus S. amygdalina und S. viminalis), die S. pontederana (theils aus S. cinerea und S. purpurea, theils aus S. grandifolia und S. purpurea), S. cuspidata (von S. fragilis und S. pentandra), S. Russeliana (aus S. alba und S. fragilis), S. Seringeana (aus S. caprea und S. incana), S. Smithiana aus S. cinerea und S. viminalis, S. salviaefolia (aus S. aurita und S. incana), S. stipularis (aus S. viminalis und S. acuminata Sm. [S. dasyclados Wimm.]), S. laurina (aus S. caprea und S. bicolor), S. Doniana (aus S. repens und S. purpurea) u. s. w.

Außer diesen zeither schon allgemein unterschiedenen, wenn auch noch nicht erkannten Bastarden wurden in neuerer Zeit noch sehr zahlreiche andere Weidenbastarde entdeckt, die man bis dahin noch gar nicht unterschieden hatte, z. B.

zwischen S. incana und S. daphnoides, caprea und repens, cinerea und repens, aurita und amygdalina, caprea und silesiaca, Lapponum und aurita, Lapponum und silesiaca, Lapponum und arbuscula und zahlreiche andere.

Ein Uebelstand, der das Erkennen eines Weidenbastardes noch ferner erschwert, ist der Umstand, daß die Weiden so vielfach bei Damm- und Uferbauten ꝛc. durch Stecklinge vermehrt werden. Dadurch kann es kommen, daß Hunderte von Stecklingen einer Bastardweise an einem Orte ausgesteckt werden, wo die Stammeltern derselben gar nicht vorhanden sind, oder nur durch einzelne Exemplare vertreten werden, sodaß der Bastard nun die große Mehrzahl bildet. Wo die Verhältnisse nicht der Art sind, sondern die Bastarde nur durch zufällige Kreuzung auftreten, bilden sie unter den Stammeltern nur eine kleine Minderzahl, und wo man irgend zwischen zwei in Menge auftretenden Pflanzen einer und derselben Gattung eine dritte, nur sehr spärlich darunter auftretende Art vorfindet, kann man jederzeit unter ihr den Bastard aus jenen zwei Arten vermuthen, vorausgesetzt, daß sie sich in die Charaktere der letzteren theilt.

Einen eigenthümlichen Fall der Verschleppung von Bastardweiden bietet die Umgegend von Leipzig. Zwischen den Dörfern Schönfeld und Abtnaundorf zog sich bis in die neueste Zeit zwischen einer Wiese und einem Torfstiche ein dichter Weidenbestand hin, welcher einzig aus Salix nigricans und S. laurina Sm. besteht, ohne daß diese beiden Weiden irgend wo anders in der Umgebung vorkommen. Nun hat der scharfsichtige Bastardkenner Wimmer nachgewiesen, daß die S. laurina ein Bastard aus S. caprea und S. phylicifolia (S. bicolor Ehrh.) ist, gleichwohl kommt aber die S. phylicifolia bei Leipzig gar nicht vor, da ihr nächster Standort erst auf dem Brocken zu suchen ist. Es ist daher in diesem Falle klar erwiesen, daß diese beiden Weiden (S. nigricans und S. laurina) nur angepflanzt sein konnten, und zwar wurden die dazu verwendeten Ruthen muthmaßlicher Weise von irgend einem Arbeiter dem leipziger botanischen Garten entnommen, ohne daß derselbe nur im entferntesten daran gedacht hätte, dadurch die leipziger Flora bereichern zu wollen. Noch mehr spricht für diese Annahme der Umstand, daß unter den dichtstehenden weiblichen Sträuchern dieser beiden Arten auch nicht ein einziges männliches Exemplar der einen oder der andern zu finden war.

Da aber nun Bastarde nimmermehr selbstständige Arten sind, selbst wenn sie sich durch Samenbildung fortzupflanzen im Stande sein sollten, so darf man sie auch nicht mit besondern Namen belegen, wie es bisher vielfach geschehen ist, sondern bezeichnet sie mit dem Namen der beiden Stammeltern und zwar so, daß man den Namen der Mutterpflanze dem der Vaterpflanze im Ablativ voransetzt, z. B. Anemone ranunculoidi-nemorosa, Cirsium bulboso-oleraceum und umgekehrt: Cirsium oleraceo-bulbosum, Carex filiformi-riparia, Salix cinerea-repens und S. repenti-cinerea, Rosa canina-gallica, Nasturtium sylvestri-austriacum und N. austriaco-sylvestre u. s. f.

Ein Uebelstand dieser Bezeichnung ist nun freilich der, daß man in dem Falle, wo man nicht beide Bastardformen besitzt, gar oft nicht im Stande ist, aus dem Bastarde mit Sicherheit zu folgern, welche der beiden Stammarten die Vater- oder Mutterpflanze sei, da sich die Bastarde, wie schon erwähnt, in vielen Fällen so ziemlich ganz in die Charaktere der Stammeltern theilen. Ein Beispiel dieser Art bildet das bereits erwähnte Nasturtium anceps Rchb. (Fig. 42. u. 43.), welches ich vor der Hand N. austriaco-sylvestre nenne, ohne jedoch behaupten zu wollen, daß es nicht auch N. sylvestri-austriacum heißen könne. Die Blätter sind in allen von mir beobachteten Fällen genau die Mitte haltend zwischen den ungetheilten Blättern des N. austriacum und den fiederschnittigen des N. sylvestre, der Wuchs ist bald ganz der steif aufrechte des ersten, bald der mehr oder weniger niederliegende und lockere des zweiten, die Früchte sind ein Mittelding von den kugligen Früchten des N. austriacum und den linienförmigen des N. sylvestre u. s. f., sodaß man keineswegs im Stande ist zu sagen, welche Theile mehr von dieser und welche mehr von jener Stammart herzurühren scheinen. (Vielleicht ist das N. armoracoides Tsch. das N. austriaco-sylvestre und das N. terrestre desselben Autors das N. sylvestri-austriacum.)

Vermag man nun aber auch nicht bei allen in der freien Natur aufgefundenen Bastarden die Bastardbezeichnung nach Mutter- und Vaterpflanze ohne Weiteres zu bestimmen, so scheint mir dadurch doch noch nicht das Verfahren gerechtfertigt zu sein, überhaupt keinen Unterschied zwischen Salix cinerea-repens und S. repenti-cinerea statuiren zu wollen, sondern beide nur als verschiedene Formen derselben Bastardbildung zu verzeichnen. Zweckmäßiger und wissenschaftlicher will es mir erscheinen, in zweifelhaften Fällen lieber beide Bastarde zwischen je zwei Stammarten auf künstlichem Wege zu erzielen, um sich somit über ihre Bastardnatur Gewißheit zu verschaffen. Wer je die so eben genannten beiden Weidenbastarde sah, dürfte kaum dem vorhin genannten Verfahren das Wort reden, denn die eine ist in den Blättern ganz und gar die S. repens geblieben, während die männlichen und weiblichen Kätzchen in der Bil-

Fig. 47.

dung der Deckblättchen (Schuppen) und die letzteren auch in der der Kapseln die S. cinerea erkennen lassen, nur daß die Stärke der Zweige und die Größe der Kätzchen durch den Einfluß der kleinen S. repens verringert wurden; ich nenne diese Form S. repenti-cinerea (Fig. 47. die männliche, Fig. 48. die weibliche). Die andere hybride Form, die S. cinerea-repens (Fig. 49.) blieb fast ganz die S. cinerea, namentlich in den Blättern, nur wurden diese etwas zarter und kleiner, die Behaarung und die Färbung aber blieben unverändert. Die Zweige wurden dünner und völlig kahl, die Stammhöhe hielt die ungefähre Mitte zwischen beiden Arten, die Kätzchen aber würden, wenn man die dazu gehörigen Blätter nicht gleichzeitig vor sich hätte, kaum von denen der S. repens zu unterscheiden gewesen sein. Auf gleiche Weise streng geschieden kenne ich z. B. auch die S. caprea-cinerea und umgekehrt die S. cinerea-caprea u. s. w., sowie andere Kreuzungsproducte aus andern Familien.

Fig. 48.

Diese wenigen Beispiele aus den überaus häufig vorkommenden Bastardbildungen mögen hier ausreichen, um überhaupt auf sie aufmerksam zu machen. Ich erwähne nur noch, daß noch ganz besondere, bisher noch nicht erkannte Verhältnisse die Bastardbildungen zu begünstigen oder zu verhindern scheinen. So theilt mir z. B. Herr Apotheker Jack mit, daß bei Constanz am Bodensee Nasturtium amphibium, sylvestre und palustre so reichlich unter einander wachsen und so häufig mit einander bastardiren, daß man unzählige Male nicht mehr wisse, was man vor sich habe. Andererseits wachsen dieselben Arten auch bei Leipzig auf großen Strecken an Flußufern u. s. w. bunt unter einander, namentlich die beiden letzteren, und dennoch war es mir im vorigen Jahre unmöglich, unter den Tausenden der von mir beachteten Exemplare auch nur einen einzigen Bastard aufzufinden, während ich im Gegentheile am Elbufer in der sächsischen Schweiz zwischen N. austriacum und N. sylvestre den vorhin besprochenen Bastard aus diesen beiden Arten außerordentlich zahlreich antraf.

Fig. 19.

Außerdem möchte ich schließlich noch darauf aufmerksam machen, daß es zweckmäßiger sein dürfte, sich über die Bastardnatur einer gefundenen Pflanze an Ort und Stelle zu vergewissern, wo man die Stammeltern aufsuchen und sich von dem muthmaßlichen Einflusse derselben auf das neue Gebilde überzeugen kann, als dieselbe erst zu trocknen und dann bestimmen zu wollen, wo man mit dem Aufsuchen der Eltern leicht einen Mißgriff thun kann.

Siebzehntes Kapitel.

Von der Beschäftigung mit den Sporenpflanzen.

Die Sporenpflanzen oder Kryptogamen haben sich keiner so vielseitigen Gunst des botanisirenden Publicums zu erfreuen, wie die Samenpflanzen. Die einzigen Glücklichen von ihnen sind in der Regel nur die sogenannten Gefäßkryptogamen (Farnkräuter, Bärlappe u. s. w.), weil dieselben noch leicht, d. h. ohne Mikroskop und besondere literarische Hülfsmittel zu bestimmen sind, zumal sie in vielen Floren für Samenpflanzen anhangsweise mit aufgeführt wurden. Vor den übrigen Gruppen der Sporenpflanzen aber findet man vielfach eine gewisse Scheu, weil man glaubt, bei ihrer Bestimmung stoße man auf unsägliche Hindernisse und Schwierigkeiten, und doch sind gerade sie so höchst interessant, theils weil sie so viele Schönheit und Mannichfaltigkeit entwickeln, theils weil sie so vielen Anlaß zu überraschenden Beobachtungen geben.

Ich meine, wenn überhaupt die Leser dieses Buches einen Gewinn von ihm gehabt haben, so werden sie sich nicht mehr von jener Scheu vor den niederen Sporenpflanzen gefangen halten lassen, denn sie haben ja beobachten und genau sehen gelernt; sie lernten aber auch Freude haben an den Ergebnissen ihrer Beobachtungen und begnügten sich nicht mehr mit dem todten Namen einer Pflanze, die sie getrocknet ihrem Herbarium einverleibten. Nur einen Wink erlaube ich mir denen zu geben, welche vielleicht erst an der Hand dieses Leitfadens zu botanisiren anfingen. Mögen sie ihren botanischen Fleiß so lange einzig auf die Samenpflanzen verwenden, als sie noch zu thun haben, dieselben in ihrer näheren Umgebung genau kennen zu lernen. Ich sage ausdrücklich in ihrer n ä h e r e n Umgebung, weil ich meine, sie biete hinlänglichen Stoff zu fortgesetzter Unterhaltung mit ihr, so daß man keineswegs nöthig habe, den Begriff der nächsten Heimat auf Entfernungen von 6—8 Stunden auszudehnen. Hat man aber in einigen Jahren diese Heimat soweit durchforscht, daß man sämmtliche Samenpflanzen derselben, wenigstens die häufigeren, allseitig zu erkennen gelernt und nur noch auf die mannichfachen Bildungsabweichungen und Bastardbildungen zu achten hat, dann dürfte es wohl an der Zeit sein, auch einen tieferen Blick in das weite Reich der Sporenpflanzen zu werfen. Durch sie wird wieder ein reicher Quell der vielseitigsten Ueberraschungen eröffnet. Wenn schon die Beschäftigung mit den Samenpflanzen viele angenehme Ueberraschungen darbot, so ist dies in weit ausgedehnterem Maße bei den Sporenflanzen der Fall. Die Samenpflanzen waren uns meistens schon von Kind auf ihrer allgemeinen Gestalt nach bekannt; wir wußten längst was eine Butterblume, eine Nelke, ein Sternblümchen, eine Weide, ein Gras u. s. w. war, wir lernten nur die einzelnen Arten, die wir vorher nicht unterschieden hatten, nachträglich unterscheiden, wir vertauschten die unbestimmten deutschen Namen mit den weit bestimmteren lateinischen und achteten auf die einzelnen Theile aller dieser Pflanzen in den verschiedenen Entwickelungsstufen, während wir vorher nur einen unklaren Totaleindruck gehabt hatten.

Anders ergeht es uns mit den Sporenpflanzen. Sie sind uns nicht als einzelne Gattungen und Arten bekannt, kaum vermochten wir die Moose und Flechten zu unterscheiden, denn vielfach hört man auch die Flechten als Moose benennen. Der Umstand aber, daß die verschiedenen Moose und Flechten nicht durch verschiedene Namen vom Volksmunde unterschieden werden, ist ein Beweis dafür, daß sie eben überhaupt nicht unterschieden wurden, sondern sämmtlich als die Vertreter eines einzigen Begriffes gelten. Wird nun auf sie die Aufmerksamkeit des unterscheidenden Auges gelenkt, so erschließt sich demselben plötzlich so zu sagen eine ganz neue Pflanzenwelt, deren Existenz vorher kaum geahnt wurde, und unerwartete Schönheiten treten aus den bis jetzt geringgeschätzten kleinen Gebilden hervor, gepaart mit einer seltsamen Gesetzmäßigkeit und Regelmäßigkeit, von der man ebenfalls keine Ahnung hatte. Ich erinnere hier an die zierlichen Mützen (Calyptren) der Laubmoose, an den reizenden Mundbesatz derselben, an die zierlichen Zellenbildungen in den Blättern der Torfmoose (Sphagnum), an die seltsamen Blattgestalten vieler Lebermoose u. s. w.

Um so überraschender wirken alle diese und ähnliche zum ersten Male gesehenen Schönheiten, jemehr sich dieselben dem unbewaffneten Auge verschließen und erst unter dem bewaffneten sichtbar werden, und somit wurde denn der Umstand erwähnt, daß von nun an die Lupe nicht mehr ausreicht, um in das Leben dieser kleinen Gebilde einzudringen, — man bedarf von nun an des Mikroskopes.

Auch dieser Begriff erfüllt Viele mit einer gewissen heiligen Scheu, theils, weil sie meinen, ein Mikroskop sei ein zu theurer, nicht aufzubringender Gegenstand, theils weil sie glauben, es sei langweilig, sich mit dergleichen Kleinigkeiten zu beschäftigen, oder es sei zu mühsam, die nöthigen Präparate anzufertigen, und doch ist dem nicht so. Zunächst erhält man jetzt schon für 10 Thaler ein Mikroskop, welches zur Bestimmung der Moose vollständig ausreicht, und für 20—40 Thaler ein solches, mit dem man schon an die Bestimmung von Algen, Flechten und Pilzen gehen kann. Ferner ist aber eben die Beschäftigung mit dem, was für das bloße Auge unsichtbar ist, nichts weniger als langweilig, vielmehr gerade die interessanteste Seite der Beschäftigung mit der Pflanzenwelt, und zwar eben deshalb, weil sie stets Neues, d. h. bisher noch nicht Gesehenes unsern Blicken vorführt. Was endlich das Zurechtmachen der Objecte zur mikroskopischen Beschauung anbelangt, so ist dasselbe gerade bei der Bestimmung von Moosen ohne alle Schwierigkeit und es handelt sich einzig darum, ein einzelnes Moosblättchen von einem Moosstengel abzutrennen, von einer reifen Mooskapsel das Deckelchen abzuheben oder eine solche ihrer Länge nach mit einem scharfen Federmesser zu zerschneiden. Das dürften ungefähr die ganzen Schwierigkeiten sein, mit denen man zu kämpfen haben würde.

Möge sich daher Niemand abhalten lassen, sich auch mit den reizenden Gebilden der Sporenpflanzen zu beschäftigen, welcher irgend im Stande ist, sich das dazu allerdings nöthige Mikroskop zu kaufen. Es fragt sich jetzt nur, mit welcher Gruppe der Sporenpflanzen man wohl am besten den Anfang machen soll und welche literarischen Hülfsmittel dazu nothwendig sein dürften. Am zweckmäßigsten will es mir erscheinen, den Anfang hierzu mit den Laub- und Lebermoosen zu machen, theils weil sie wohl am leichtesten von allen übrigen Gruppen, die Gefäßkryptogamen abgerechnet, zu bestimmen sein dürften, theils aber auch, weil die Beschaffung der dazu unumgänglich nöthigen literarischen Hülfsmittel am leichtesten ist und schon die „deutsche Kryptogamenflora" von Rabenhorst dazu vollständig ausreicht.

Die Beschäftigung mit den Moosen ist nun bereits wieder ein so weites Gebiet und giebt so viel Stoff zu eifrigem Suchen und Sehen in der Natur, daß man recht wohl hierbei Zeit seines Lebens stehen bleiben kann (wie natürlich auch schon bei den Samenpflanzen); doch auch die übrigen Abtheilungen der Sporenpflanzen, die Algen, Flechten und Pilze verdienen, daß man sie kennen lernt, die Algen ihrer reizenden Gestalten halber, namentlich in Bezug auf die lieblichen, einzelligen Desmidiaceen, die Flechten und Pilze aber ihrer oft gar seltsamen Sporen wegen, sowie, namentlich die Pilze, wegen ihres oft so nachtheiligen Einflusses auf die höheren Organismen. Leider bedarf aber das gründliche Studium der Algen, Flechten und Pilze ziemlich kostspieliger literarischer Hülfsmittel, da die vorhin genannte Kryptogamenflora von Rabenhorst nicht mehr überall ausreicht, am wenigsten bei den Flechten, welche erst in neuester Zeit durch Massalongo, Flotow, Körber u. A. auf die einzig sichere mikroskopische Basis zurückgeführt worden ist.

Für diejenigen, welche sich schon mit den Flechten und Pilzen beschäftigt haben, sei nur noch erwähnt, daß auch hier nicht bloß die unzähligen Arten aufzusuchen und zu bestimmen sind, sondern, daß es gegenwärtig die Aufgabe derer sei, die sich mit diesen Gebilden beschäftigen, theils die mannichfachen Spermogonienbildungen, die vielfach zeither als selbständige Arten und Gattungen beschrieben wurden, auf die betreffenden Gattungen zurückzuführen, theils aber auch den Nachweis zu liefern, daß sie wirklich die männlichen Organismen seien, oder, wenn sie dies eben nicht sein sollten, nachzuweisen, welchen Platz sie überhaupt einnehmen, d. h. welche Rolle sie in dem Flechten- und Pilzkörper spielen. Eine fernere Aufgabe dürfte die sein, Untersuchungen anzustellen, welche Grenze wohl zwischen den Flechten und Pilzen zu ziehen sei, ob die bisher angenommene, auf dem Vorhandensein oder Fehlen des Thallus beruhende, oder vielleicht eine neue, auf das Mycelium (für Pilze) und den Protothallus (für Flechten) gegründete, oder endlich die bereits angeregte, nach welcher alle Pilze mit Schlauchsporen zu den Flechten gezogen werden, und nur diejenigen Pilze, welche Basidiensporen tragen, bei den Pilzen zu verbleiben haben. Ein Zeichen, daß gerade auf diesen niedrigen Organisationsstufen noch viel zu erforschen übrig geblieben ist.

Achtzehntes Kapitel.

Von dem Einsammeln und Aufbewahren der Sporenpflanzen.

Beides hat geringere Schwierigkeit, als bei den Samenpflanzen, weil die Sporenpflanzen weniger Platz einnehmen und man ihrer mehr auf einmal heimtragen kann. Von den Farnkräutern &c. spreche ich auch hier nicht, weil dieselben in jeder Beziehung wie die Samenpflanzen getrocknet und aufbewahrt werden. Laub- und Lebermoose aber schlägt man unterwegs ohne irgend welche Rücksicht in Papier ein, theils damit die in Rasen wachsenden Arten nicht zu sehr zerfallen, theils damit die einzelnen Arten nicht mit einander vermengt werden und die Hauben und Deckelchen der Laubmoose nicht verloren gehen. In dieser einfachen Umhüllung kann man sie nun liegen lassen so lange man will, sobald sie nur nicht durch Feuchtigkeit der Fäulniß ausgesetzt sind. Wirft man sie später ins Wasser, so quellen sie sofort wieder auf und nehmen ihre ehemalige natürliche Gestalt an. Man kann daher auf weiten Reisen täglich Moose sammeln, ohne mit ihnen etwas anderes zu machen, als sie in Papier einzuschlagen, man kann sie den ganzen Sommer über sammeln, ihr sorgfältiges Trocknen aber und ihr Bestimmen für den Winter aufsparen, ja man kann sie Jahre lang liegen lassen, immer werden sie im Wasser wieder ihre frühere Gestalt erhalten, eine Eigenschaft, durch die sie sich, gleich den Flechten, sehr vortheilhaft vor den Samenpflanzen auszeichnen. Sind sie dann im Wasser aufgequollen, so drückt man sie zwischen den Händen aus und trocknet sie einfach in Löschpapier wie die gewöhnlichen Pflanzen, doch hat man darauf zu achten, daß die im Wasser leicht sich lösenden Hauben auf der Oberfläche des Wassers, wo sie zu schwimmen pflegen, gesammelt und in kleinen Papierkapseln den Moosen beigelegt werden, da gerade sie wichtige Erkennungsmerkmale abgeben. Bei den in Rasen wachsenden Moosen pflegt man nicht gern den Erdboden zu entfernen, damit das Bild ihrer Wachsthumsweise nicht zerstört werde. Man zerschneidet in diesem Falle den die Moose tragenden Erdboden, nachdem er vom Wasser hinlänglich durchdrungen ist, um vor dem Zerbröckeln gesichert zu sein, vertikal in schmale Streifen, auf deren oberen Kanten die Moospflänzchen sich erheben, und trocknet sie dann, wie die andern vom Erdboden befreiten Moose, zwischen Löschpapier. Die kleinen Moose lose in die großen Bogen des Herbariums zu legen, würde schon deshalb unzweckmäßig sein, weil sie sich nicht gut darin ausnehmen würden, besonders aber deshalb, weil sie leicht aus den großen Bogen herausfallen könnten. Man pflegt sie daher auf kleine Blätter weißen Schreibpapieres aufzukleben, natürlich nicht in zu geringer Anzahl, damit man sich nicht zu scheuen hat, zu wiederholten Malen zur mikroskopischen Prüfung etwas davon zu entfernen. Auf dieselben Blätter schreibt man auch den dazu gehörigen Namen, den Fundort und die Zeit des Einsammelns, ohne außerdem eine besondere Etiquette beizulegen. Die abgefallenen Hauben, bisweilen auch die Deckel, müssen sorgfältig daneben oder darüber geklebt sein. Zum Aufkleben benutzt man den leicht wieder durch Wasser aufzuweichenden Gummi. Diese Art und Weise hat den Vorzug, daß man bei dem Aufschlagen des Bogens die darin enthaltenen Exemplare sofort übersehen kann. Daß man in einem und demselben Bogen ein Moos von den verschiedensten Standorten aufbewahren kann, versteht sich von selbst, da sie nicht viel Raum einnehmen und, wenn sie alle besonders aufgeklebt sind, sich auch nicht mit einander vermischen können. Ein Nachtheil des Aufklebens ist aber der, daß man nicht so leicht einzelne Theile des Mooses unter das Mikroskop legen kann, als wenn die Moose nicht aufgeklebt sind; auch kann man die aufgeklebten Moose, ohne sie wieder zu lösen, nur mit auffallendem, nicht mit durchfallendem Lichte unter der Lupe betrachten, was allerdings bisweilen von Werth sein kann. Einzelne Moossammler ziehen daher vor, die Moose, statt sie aufzukleben, in kleine Papierkapseln zu verschließen, denen man den Namen u. s. w. außen aufschreibt und die sich leicht so herstellen lassen, daß ihr Oeffnen und Wiederverschließen keinen Zeitverlust verursacht. Die einfachste Construction derselben wird durch Figur 50. hinlänglich deutlich gemacht sein. Papierkapseln, nach Art der Pulverkapseln der Apotheker gebrochen, sind zu diesem Behufe völlig unpraktisch, da ihr Oeffnen und ihr Verschließen verhältnißmäßig viel Zeit in Anspruch nimmt, namentlich wenn es sich darum handelt, schnell mehre Kapseln hinter einander zu öffnen.

Fig. 50.

Nicht so einfach ist das Einsammeln der Algen, da sie nach dem Eintrocknen nicht völlig wieder im Wasser aufquellen. Man sammelt sie daher entweder in verschlossenen Gläsern mit etwas Wasser, oder, wenn es fädige

Algen sind, auch in Papier aus Gutta Percha, welches die den Algen nöthige Feuchtigkeit nicht verdunsten läßt. In der Behausung angekommen öffnet man die Gläser, weil die Algen sonst leicht verderben, und die in Gutta-Percha-Papier heimgetragenen (oder auch die in den Gläsern gesammelten) bringt man in flache Gefäße (Glasnäpfchen, Untertassen, Teller, Schüsseln rc.) und übergießt sie mit Wasser. Selten lassen sie sich längere Zeit im Zimmer aufbewahren, denn oft verderben sie hier schon nach einigen Tagen, zumal wenn man ihnen nicht oft genug frisches Wasser giebt. Sie müssen daher möglichst bald für das Herbarium präparirt werden. Dieses geschieht bei fädigen oder häutigen Algen auf folgende Weise. Man bringt sie in ein größeres, mit reinem Wasser angefülltes Gefäß, gewöhnlich in eine Schüssel, ergreift ein kleines Brettchen (von einer Cigarrenkiste), wenigstens von der Größe des Formates, auf welchem man die Algen aufzuziehen wünscht, macht dann das kleine Papier (Schreibpapier), welches die Alge aufzunehmen bestimmt ist, auf beiden Seiten naß und legt es auf das Brettchen. Das vorherige Naßmachen ist nöthig, weil das Papier sonst nicht auf dem Brettchen liegen bleibt, wenn man dasselbe in das Wasser taucht.. Man fährt nun mit dem dem Brettchen fest anhaftenden Papiere unter das Wasser und läßt sich oberhalb des Papieres so viel Algenfäden auf möglichst natürliche Weise ausbreiten, als man eben aufzuziehen wünscht. Haben die Algenfäden über dem Papiere die gewünschte Lage angenommen, so hebt man das Brettchen mit dem Papiere behutsam heraus, ohne daß die Alge mit dem ablaufenden Wasser gleichzeitig davon abgleite. Hat man hierauf das Wasser soweit ablaufen lassen, daß die Alge dem Papiere aufliegt, so zieht man das letztere vom Brettchen herunter und legt es auf irgend eine ebene Fläche, um es daselbst an der Luft trocknen zu lassen, und wiederholt dieses Verfahren so oft, bis man die gewünschte Anzahl von Exemplaren aufgezogen hat. Nach dem Trocknen dieser Papiere sind die Algen in ihrer natürlichen Ausbreitung auf ihnen so befestigt, daß es ihrer geringen Körperlichkeit halber in der Regel das Aussehen gewinnt, als wären sie darauf gemalt. Das Aufziehen der Algen ist auch für denjenigen, welcher nicht gerade beabsichtiget, sich wissenschaftlich mit ihnen zu beschäftigen, doch schon wegen des netten Aussehens der getrockneten Algen, namentlich der Meeralgen, nicht ohne Interesse. Am interessantesten waren den Laien immer die Oscillarien, welche meist als schwarzer oder schwarzgrüner Ueberzug auf schmutzigen stagnirenden

Wässern leben. Bringt man von ihnen ein Stückchen, etwa von der Größe einer Bohne, auf ein Papier und gießt einen Löffel Wasser darauf, doch so behutsam, daß dieses nicht von dem Papiere ablaufe, sondern vermöge seiner Cohäsionskraft möglichst hoch über der Oscillarie stehen bleibt, so läßt dieselbe ihre einzelnen Fäden in sichtbarer Bewegung strahlenförmig aus dem mit Wasser bedeckten schwärzlichen Häufchen hervorschießen, bis das Wasser endlich verdunstet und das dunkle auf das Papier gebrachte Häufchen von einem schönen, meist prächtig gefärbten Strahlenkranze umgeben ist.

Die auf die beschriebene Weise an der Luft getrockneten Algen setzt man nun gern noch nachträglich, bisweilen auch schon vor dem völligen Austrocknen des Papieres, einem ganz geringen Drucke aus, damit das Papier, welches sich vielleicht etwas verzogen hat, wieder völlig eben werde, oder sich gar nicht erst verziehe. Auf gleiche Weise, wie die fädigen Algen, pflegt man auch die zarteren Characeen (Armleuchtergewächse) aufzuziehen.

Einzellige Algen (Diatomaceen, Desmidiaceen, Protococceen u. s. w.) zieht man nicht gern auf Papier, sondern lieber unmittelbar auf kleine Glastäfelchen, etwa 1½ Zoll lang und 1 Zoll breit, weil man diese sofort unter das Mikroskop legen kann, ohne die kleinen Gebilde erst wieder von dem Papiere entfernen zu müssen, und zwar ohne vorherige Anfeuchtung derselben (bei den Diatomaceen), oder nachdem man sie erst wieder befeuchtet hat (bei den übrigen einzelligen Algen). Sind die höheren Algen so klein, daß auch sie auf solchen Glastäfelchen Platz haben, so wählt man auch für sie lieber das Glas, als das Papier. Bei den einzelligen Algen hat man natürlich nicht nöthig, dieselben mit den Glastäfelchen unter Wasser gleichsam zu haschen, sondern man gießt vorher alles überflüssige Wasser von ihnen ab, oder läßt es verdunsten, rührt den Rest des Wassers fleißig um, damit sich die kleinen Algen möglichst gleichmäßig in ihm vertheilen, und bringt dann mittels eines Glasstäbchens oder kleinen Löffels je einen oder mehre Tropfen dieses Wassers auf die Mitte der Glastäfelchen, wo sie sich ausbreiten. Es kommen dadurch hinlängliche Quantitäten der kleinen Gebilde auf die Täfelchen, denn man kann ihrer oft Hunderte zählen, ohne daß sie zu dicht zu liegen kommen.

Anders verhalten sich die Flechten. Diese kann man, wie die Laubmoose, in einzelne Papiere geballt einsammeln und zu jeder beliebigen Zeit wieder aufquellen lassen. Strauchartige Flechten sammelt man am liebsten nach einem

Regen, wo sie aufgequollen und vor dem Zerbrechen geschützt sind. Man kann sie in diesem Zustande dicht zusammenballen, ohne ihnen zu schaden. Sammelt man sie dagegen bei trocknem Wetter, so sind sie so dürr, daß sie oft schon bei dem leisesten Drucke wie Glas zerspringen. Man wird daher gut thun, sie in das nächste Wasser einzutauchen, um ihnen ihre Sprödigkeit zu nehmen. Krustenflechten müssen mit dem Substrat, welchem sie aufsitzen, gesammelt werden, also mit einem Stück der Baumrinde oder des Felsens, den sie bewohnen. Für die ersteren trägt man außer einem scharfen Taschenmesser, gern auch Meisel und Hammer, und für die letzteren auch noch einen Steinmeisel bei sich. Zu achten ist darauf, daß man diese festsitzenden Flechten nicht in zu kleinen Stücken losschlägt, auf denen die Structur des Thallus nicht hinlänglich zu erkennen ist.

Da aber die Steinflechten oft nur auf ziemlich großen Brocken von den Felsen zu lösen sind, wenn man sie nicht zu unscheinbaren und werthlosen Bruchstücken zerschlagen will, so fragt es sich, ob man die Flechten, wie die übrigen Pflanzen, zwischen Papier in Mappen aufbewahren will, oder ob man einen Schrank, nach Art der Mineralienschränke eingerichtet, vorziehen soll. Das Zweckmäßigste scheint mir zu sein, beides mit einander zu verbinden, d. h. das eigentliche Flechtenherbarium in Mappen aufzubewahren, diejenigen Steinflechten aber, welche in den Mappen zu sehr auftragen und außerdem vielleicht auch noch auf die in den benachbarten Bogen liegenden Flechten einen verderblichen Druck ausüben würden, aus ihnen zu entfernen und im Schranke aufzubewahren. Damit aber durch diese doppelte Aufbewahrung die Flechtensammlung nicht eine doppelte werde, dürfte dem Herbar der Bogen nicht fehlen, welcher eigentlich z. B. die Verrucaria rupestris zu tragen hätte, nur würde man in ihm statt dieser Flechte bloß den Zettel mit der Nummer finden, unter der dieselbe im Flechtenschranke augenblicklich zu finden ist. Bei Holz- und Rindenflechten würde das Versetzen derselben in den Flechtenschrank nur seltener nöthig werden, da sich Holz und Rinde meistens hinlänglich dünn schneiden läßt.

Bei dem Einsammeln von Steinflechten ist als Vorsichtsmaßregel noch zu bemerken, daß jedes Steinstück besonders in Papier eingeschlagen werden muß, weil sonst die neben einander liegenden Steine die ihnen aufsitzenden Flechten, namentlich deren Früchte, auf dem Transporte verletzen würden.

Zum Abschlagen der Steinflechten bedient man sich, wie schon gesagt, des Steinmeisels. Derselbe muß aus gutem Gußstahle geschmiedet sein, um auf harten Steinarten nicht zu schnell stumpf zu werden. Am liebsten führt man wenigstens zwei solcher Steinmeisel bei sich, und zwar einen mit breiter Schneide und einen andern, der in eine nicht zu scharfe Spitze ausläuft. Des Spitzmeisels bedient man sich, um in eine glatte Felswand, von welcher man Steinflechten loszuschlagen beabsichtigt, einzelne Löcher einzutreiben, in die man dann erst den Breitmeisel einsetzt, um die gewünschten Steinmassen in nicht allzudicken Stücken abzusprengen.

Einfacher oder schwieriger, als bei den übrigen Sporenpflanzen, ist das Aufbewahren der Pilze, je nachdem es sich um harte oder weiche Pilze handelt. Die harten Pyrenomyceten auf dürren Zweigen, altem Holze, halbverwesten Blättern u. s. w., sowie die ebenfalls ziemlich festen Discomyceten, hat man eben nur heimzutragen und aufzuheben, ohne irgend eine weitere Zurichtung, nur ist es gut, die betreffenden Zweige der Länge nach zu durchschneiden, sowie altes Holz möglichst dünn zu schneiden, weil in beiden oft verschiedene Larven leben, welche durch die Zerstörung des Holzes leicht auch die aufsitzenden Pilze gefährden oder zerstören. Bei den auf noch lebenden Blättern wachsenden Staubpilzen trocknet man die einzelnen Blätter auf die gewöhnliche Weise, jedoch nur mit geringem Drucke, um die Pilze nicht eben sehr dadurch zu berühren. Anders verhält es sich aber mit den zarten, oft überaus hinfälligen Schimmelpilzen. Dieselben bewahrt man am besten in kleinen, oben und unten durch einen Kork zu verschließenden Glasröhrchen an einem trocknen Orte auf, damit sie in ihrer Weiterentwicklung, welcher bald der Tod folgen würde, verhindert werden, aber auch nicht neue Schimmelbildungen die eine vorhandene und zur Aufbewahrung auserlesene zerstören können. Auf gleiche Weise kann man auch die zarten Bauchpilze (Didymium, Dictydium, Leocarpus u. s. w.) aufbewahren, wenn man nicht vorzieht, sie zwischen zwei Glasplatten zu bergen, welche man durch zwei zwischen ihnen aufgeleimte Holzleisten oder Korkstücken auseinanderhält, sodaß die zarten Peridien der Pilze in dieser Höhlung vor jedem Drucke geschützt sind und doch jederzeit zur Untersuchung oder Vergleichung hervorgezogen werden können.

Zeitraubender ist dagegen die Art und Weise, nach welcher man die sogenannten Hutpilze für das Herbarium präparirt. Lange Zeit glaubte man, sie ließen sich überhaupt nicht aufbewahren, und beschränkte sich daher darauf, sie zu zeichnen, zu malen, oder in Wachs zu pussiren. In neuerer Zeit aber präparirt man sie für das Herbarium auf die Weise, daß man sie vertikal in zwei Hälften schneidet. Von jeder Hälfte schneidet man nun je nach der Stärke des Pilzes einen oder zwei Mittelschnitte (Fig. 51.) ab, welche den innern Bau, ja die ganze Bildung des Pilzes zeigen. Man sieht an ihnen außer der Größe des Pilzes namentlich auch, ob die Poren, Stacheln oder Lamellen, welche sich an der untern Hutseite befinden, am Stiele herablaufen oder nicht, ferner die Stärke des Hutfleisches, die Breite der Lamellen, die wechselnden Größenverhältnisse der Lamellen u. s. w. Hierauf bricht man die beiden Huthälften von den bisher noch mit ihnen verbundenen Stielhälften ab, entfernt mit Hülfe eines scharfen, womöglich an der Spitze etwas gerundeten Messers die mittlere Fleischschicht aus den Stielen und die Sporenschicht sowie den größten Theil der Fleischschicht aus den beiden Huthälften, letztere jedoch nicht soweit, daß die übrigbleibende Huthaut dadurch durchsichtig wird, und trocknet dann die einzelnen Theile bei mäßigem Drucke auf gewöhnliche Weise zwischen Druckpapier. Je saftiger die Hüte sind, desto dicker (vielleicht 1 — 1½ Linien dick) muß die zurückbleibende Fleischschicht sein. Da die Fleischpilze aber oft sehr viele Feuchtigkeit haben und außerdem oft noch auf der Oberseite ihres Hutes klebrig sind, so bäckt in der Regel das Löschpapier so fest an die Hüte, bisweilen auch an die Mittelschnitte an, daß bei dem spätern Ablösen das Papier zerrissen werden muß. Die den Pilzpräparaten dann noch aufklebenden Papiertheile lassen sich leicht dadurch entfernen, daß man sie etwas anfeuchtet, wonach sie sich sehr leicht abschaben lassen. Sollten dadurch die Pilztheile wieder etwas Feuchtigkeit angezogen haben, sodaß man sich veranlaßt sieht, sie aufs Neue zwischen trockenes Löschpapier zu legen, so hat man ein abermaliges Ankleben des Papieres an die Hüte 2c. so leicht nicht wieder zu befürchten. Sind die Pilzpräparate dann völlig trocken, so klebt man mit Gummi zunächst eine Stielhälfte auf ein Blatt weißes Papier, auf ihre Spitze eine Huthälfte, wodurch das Ganze das äußere Aussehen des ursprünglichen Pilzes gewinnt (Fig. 52.), und daneben einen oder zwei Mittel-

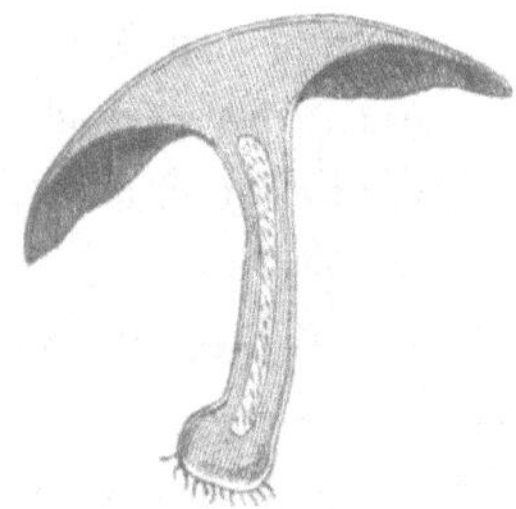

Fig 51.

schnitte, welche die innere Ansicht des Pilzes repräsentiren. Mit der zweiten Stielhälfte und der zweiten Huthälfte verfährt man auf einem zweiten Blatte Papier auf dieselbe Weise und erhält sonach aus einem einzigen Pilze zwei Exemplare für das Herbarium. Hatte man mehre Pilze einer und derselben Art vielleicht von verschiedener Größe zur Verfügung, so kann man, außer dem zur äußern Ansicht (Fig. 52.) gehörenden Mittelschnitte (Fig. 51.), auch wohl noch einen kleineren oder größeren Mittelschnitt eines zweiten Pilzes hinzufügen, um das wechselnde Größenverhältniß anzugeben, oder man fügt zu einem Mittelschnitte, außer der zu ihm gehörigen äußern Ansicht, noch eine im Größenverhältnisse abweichende zweite äußere Ansicht hinzu. Da aber gerade diese Fleischpilze ganz besonders gern von den verschiedenen, den Herbarien überhaupt verderblichen Insekten heimgesucht werden, so müssen sie ganz besonders gut vergiftet werden, wenn nicht alle aufgewendete Mühe eine vergebliche sein soll. Mann kann zu diesem Behufe schon den Gummi vergiften, mit welchem man sie aufklebt.

Fig. 52.

Manche Botaniker überziehen dergleichen Präparate noch mit einem farblosen feinen Lacke, um sie vor dem Anziehen der Feuchtigkeit und in Folge dessen vor dem Verschimmeln zu schützen, doch fand ich diese Vorsichtsmaßregel so lange für völlig überflüssig, als man dieselben in dickem grauen Löschpapiere an möglichst trocknem Orte aufbewahrt. Außerdem hat sie aber den Nachtheil, daß sie den Pilzen vielfach einen Glanz mittheilt, den sie in der Wirklichkeit nicht besitzen.

Die Mehrzahl der Farben wird bei dieser Art und Weise, die Hutpilze zu präpariren, vollständig naturgetreu erhalten. Am meisten verändert sich aber gerade die rein weiße Farbe, welche in ein schmutziges Weiß übergeht. Immerhin ist es aber ein schöner Fortschritt für das Pilzstudium zu nennen, daß man gelernt hat, auch diese saftigen Gebilde für das Herbarium möglichst naturgetreu aufzubewahren, da von jeder andern Aufbewahrungsweise in diesem Falle abgesehen werden muß.

Abschied vom Leser.

Durch die vorhergehenden Kapitel glaube ich hinreichend das mir vorgesteckte Ziel erreicht zu haben, welches bekanntlich kein anderes war, als meine Leser dahin zu bringen, daß ihr der Pflanzenwelt gewidmetes Interesse nie deshalb erlahme, weil sie nichts Neues mehr finden, d. h. keine Pflanzen mehr antreffen, die sie nicht schon in ihrem Herbarium haben. Ich glaube gezeigt zu haben, daß die Beschäftigung mit meinen Lieblingen, den Pflanzen, eine unerschöpfliche Quelle des Genusses und gleichzeitig des Reizes ist, immer mehr und tiefer aus ihr zu schöpfen, und zwar auch dann noch, wenn man die eine Seite der Pflanzenkenntniß, die physiologisch-anatomische, ganz unberücksichtiget läßt. Vielfach wurde schon die Behauptung aufgestellt, die Beschäftigung mit der Pflanzenwelt könne nur dann interessant sein, wenn man mit dem Messer und dem Mikroskope in das Innere der Pflanzenleiber eindringe, um daselbst die geheimen Werkstätten der Natur zu belauschen, den Zellenbau zu studiren, die Art und Weise der Befruchtung, d. i. den Befruchtungsact selbst zu beobachten u. s. f. Doch wie sich der Thierfreund sein ganzes Leben hindurch mit seinen gezähmten Vögeln unterhalten und mit ihnen und immer neuen Vögeln tausendfache Versuche anstellen kann über ihre geistigen Kräfte, ihre Urtheilskraft, ihre Beobachtungsgabe, ihr Gedächtniß, ihre Gutmüthigkeit oder ihre Herrschsucht, kurz über ihren Charakter, auch ohne sie jemals mit dem Messer anatomisch untersucht zu haben, — wie der Forstmann sein Leben lang die Vögel in ihrer Wildniß zu beobachten, ja zu studiren gelernt hat, ohne je dabei zu ermüden und ohne je auszulernen, — so kann auch der Botaniker das Leben der Pflanzen studiren, ohne je zu ermatten, auch wenn er nie mit dem Messer des Anatomen in ihre Leiber eindrang.

Es hätte noch manches interessante Kapitel über die Pflanzenwelt geschrieben werden können, was mir aber nicht zu dem Titel des Buches zu passen schien. Gleichwohl sei es mir hier am Schlusse erlaubt, wenigstens auf noch einige Beobachtungen aufmerksam zu machen, auch wenn sie sich nicht gerade für das Herbarium eignen.

So ist z. B. die Thatsache bekannt, daß der rohe Nahrungssaft der Pflanzen im Holzkörper aufsteigt, in den Blättern durch den Zutritt der atmosphärischen Luft assimilirt wird und dann im Rindenkörper wieder herabsteigt, um erst auf diesem Wege zur Ernährung der Pflanze verwendet zu werden. Man legt daher vielfach um einzelne Aeste eines Obstbaumes den sogenannten Ringelschnitt, d. h. man entfernt einen Rindenring, um dem absteigenden Safte zu wehren, zur Ernährung des unter ihm befindlichen Stammes und der Wurzeln verwendet zu werden. Dem Aste wird auch jetzt noch durch den Holzkörper fortwährend neuer Nahrungsstoff zugeführt, ohne daß er je solchen abzugeben hat. Derselbe kann demnach einzig zur Ernährung des Astes verwendet werden, was die Folge hat, daß der letztere reichlichere und größere Früchte liefert, als die übrigen Aeste, bei denen der Ringelschnitt nicht angewendet wurde. An diese Thatsache lassen sich nun mannichfache Versuche knüpfen, um zu erforschen, wie weit man mit diesen Ringelschnitten gehen könne, ohne das Leben des ganzen Baumes auf das Spiel zu setzen u. s. w. Ferner könnte man untersuchen, ob nicht vielleicht der Ringelschnitt auch bewirken könnte, eine größere Pracht und Fülle der Blüthen bei Rosen, Camellien und andern Zierpflanzen herbeizuführen u. dergl m.

Weit umfangreicher aber würden diejenigen Beobachtungen werden, welche sich auf die kosmopolitische Stellung der einzelnen Pflanzen erstrecken würden, um zu erforschen, welche Stellung dieselben im Haushalte der Natur zu bekleiden haben. Höchst interessant müßte es sein, zu erfahren, welche Insekten in ihrem Larvenzustande einzig von der oder jener Pflanze leben, welche Vögel vorzüglich gern ihre Samen fressen, welche Pilze auf ihren Blättern, ihren Stengeln &c. leben u. s. f. Steigern ließe sich dieses Interesse endlich noch dadurch, daß man auch Rücksicht nähme auf die Bedeutung der Pflanzen für Industrie und Gewerbe. Wenn man z. B. von der gemeinen Kiefer oder Föhre (Pinus sylvestris) auch die aus ihr dargestellten Produkte beachten und sammeln würde, also z. B. die sogenannte Waldwolle aus ihren Nadeln, das Pech und die verschiedenen Terpentinöle aus ihrem Harze, die Holzkohlen aus ihren Aesten, Schnitzwerke aus ihrem Holze und ihrer Borke, Flechtwerke aus ihren feinen Wurzelverzweigungen u. s. w., so würde man vielfach erstaunt sein, wenn man in Erfahrung brächte, für wie viele Menschen oft ein und dieselbe Pflanze zum segenbringenden Gegenstande ihrer Erwerbsquelle wird.

Doch genug der Andeutungen zum Beobachten! Einzelne von ihnen würden schon ausreichen, meine Leser und Leserinnen sicher zu stellen vor der oft gehörten Wahrnehmung, daß das Studium der Botanik ein trockenes und langweiliges sei, weil der Unterricht, welcher ertheilt wurde, ein trockener und geisttödtender war, allerdings recht wohl geeignet, die vorhandene Liebe zur Natur und namentlich zur Pflanzenwelt gänzlich zu ersticken und in Widerwillen umzuwandeln. Je mehr aber meine Winke dazu beitragen werden, diese vorhandene Liebe lebhaft anzufachen, oder die noch nicht vorhandene zu wecken, desto größer wird mein Lohn sein, den ich in dem schönen Bewußtsein finde, auch Andere des Glückes theilhaftig gemacht zu haben, was mir so reich und so lauter aus der Beschäftigung mit der Natur fließt. Möge mir dieser Lohn und Andern dieser Gewinn in möglichst hohem Maße zu Theil werden!

Leipzig,
Druck von Giesecke & Devrient.

MIX
Papier | Fördert gute Waldnutzung
FSC® C083411

Zeitfracht Medien GmbH
Ferdinand-Jühlke-Straße 7
99095 Erfurt, Deutschland
produktsicherheit@kolibri360.de